SUPERSPORTWAGEN DELUXE

200 AUSSERGEWÖHNLICHE MODELLE VON 1980 BIS HEUTE

Titel der Originalausgabe:
Supercars. 200 voitures d'exception de 1980 à nos jours

Couvent Sainte-Cecile 37, rue Servan
38 000 Grenoble
www.glenat.com
Text: Serge Bellu
Die Ikonographie des Werkes stammt aus persönlichen Archiven vom
Autor und den Archiven der Argentur Grand Tourisme S. A. S.
Layout: Richard Cousin
Herstellung: Glénat Production

ISBN: 978-2-344-06005-6

Infantriestraße 11a, 80797 München
Verantwortlich: Jerome P. Schäfer
Übersetzung aus dem Französischen: Udo Stünkel
Redaktion & Korrektorat: Sarah Rothermel
Satz: Helen Garner
Umschlagadaption: GM
Herstellung: Bettina Schippel
Printed in Türkiye by Elma Basim
ISBN: 978-3-98702-109-1

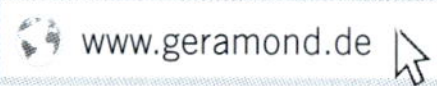

Die Deutsche Nationalbibliothek verzeichnet diese Publikation in der Deutschen Nationalbibliografie; detaillierte bibliografische Daten sind im Internet über http://dnb.d-nb.de abrufbar.

SERGE BELLU

SUPERSPORTWAGEN DELUXE

200 AUSSERGEWÖHNLICHE MODELLE VON 1980 BIS HEUTE

MYTHEN UND WIRKLICHKEIT

Sie faszinieren durch ihre Leistung, sie verzaubern mit ihrer Linienführung, sie beeindrucken durch ihre Raffinesse, sie verlocken durch ihre Seltenheit, und sie lassen uns durch ihren Preis verzweifeln. Wir fragen uns, wem sie gehören und wofür sie verwendet werden. Supersportwagen stellen in der Automobilindustrie wahre Phänomene dar.

Diese außergewöhnlichen Autos, die manchmal auf dem Parkplatz eines Palastes zu sehen sind, füllen Presseartikel und die sozialen Netzwerke. Aber sie sind und bleiben geheimnisvoll, unbekannt, anfällig für alle möglichen Vermutungen und Annahmen, zu Legenden zu werden. Die Daten ihrer Leistung, ihrer Höchstgeschwindigkeit, ihrer Beschleunigungen sind Gegenstand von nicht überprüfbaren Überbietungen.

Die Datenblätter, die wir – nur zu Informationszwecken – veröffentlichen, wurden mithilfe von Herstellerangaben ermittelt, sind aber nicht alle seriös, glaubwürdig und vertrauenswürdig. Wir wissen häufig nicht ganz, was mit Projekten geschieht, die nur für die Dauer einer Messe glänzen. Was ist wirklich an den atemberaubenden Versprechungen und Verkaufsprognosen dran? Wer steckt hinter diesen außergewöhnlichen Autos, welche Designer, welche Ingenieure, welche Konstrukteure, welche Kunsthandwerker, welche Kunden?

Wir haben hier versucht, das Richtige vom Falschen zu unterscheiden, das wahre Schicksal dieser Traumobjekte zu ergründen, Namen und Realitäten hinter den Werbeeffekten zu finden. Wie gesagt: Die technischen Daten sind unter Vorbehalt zu betrachten…

Diese im wahrsten Sinne des Wortes außergewöhnlichen Automobile sind paradox. Sie sind provokativ, ja sogar unanständig in einer Welt, in der 700 Millionen Menschen in extremer Armut leben. Ihre Exzesse sind generell unangemessen auf einem Planeten, der unter der globalen Erwärmung leidet. Andererseits sind sie so marginal und so belanglos, dass man von diesen maßlosen Schöpfungen nur den Einfallsreichtum ihrer Designer, die Vorstellungskraft ihrer Stylisten und das Können der Handwerker, die sie herstellen, bewundern kann.

Letztendlich muss man sich auf die Definition eines »Supersportwagens« einigen. Es handelt sich um ein Automobil, das aufgrund seiner Leistung und seines Geldwerts ein Superlativ ist. Ein Supersportwagen ist selten, seine Verbreitung ist begrenzt, nummeriert und kontingentiert. Manche Supersportwagen sind sogar einzigartig, da sie nur in Sonderanfertigungen hergestellt werden. Es gibt auch einige, die lediglich für den privaten Gebrauch auf abgesperrten Strecken bestimmt sind und weder für Rennen noch für den Straßenverkehr zugelassen werden.

Alle haben eine wesentliche Aufgabe: Normalsterbliche zum Träumen zu bringen.

THEMATISCHE KLASSIFIZIERUNG

DIE WURZELN DER SUPERSPORTWAGEN

Natürlich gab es Supersportwagen schon lange vor dem Ferrari 288 GTO und dem Porsche 959. Darunter waren grandiose Ikonen, Mythen, Geheimtipps und Seltenheiten – nur gab es diesen Sammelbegriff noch nicht. Um uns an sie zu erinnern, haben wir eine kleine Auswahl von persönlichen Favoriten getroffen, die in der Neuzeit ebenfalls als Supersportwagen bezeichnet werden würden.

Der englische Begriff Supercar entstand in den 1980er Jahren, doch in der Automobilindustrie hat es schon immer einen elitären und exklusiven Geist gegeben, oder präziser ausgedrückt: kreative und prestigeträchtige Facetten.

Seit jeher haben geschickte Handwerker, inspirierte Stylisten und kluge Ingenieure ihre Talente vereinigt, um die außergewöhnlichsten Automobile ihrer Zeit auf die Räder zu stellen. In frühen Zeiten hatte allerdings der Begriff »Seltenheit« nicht die gleiche Resonanz wie heute. Definitionsgemäß waren alle Autos, deren Karosserie nicht vom Hersteller der technischen Basis stammte, selten. Die meisten von ihnen wurden von Karosseriebauern individuell oder in Kleinserien hergestellt.

Seit den 1920er Jahren haben sich viele Marken darauf konzentriert, ihr Programm mit außergewöhnlichen Produkten zu krönen, um unkonventionelle, anspruchsvolle und wohlhabende Kunden anzusprechen. »Rarität« ist ein notwendiges Kriterium, um einen Status zu erreichen, der heute als »Supersportwagen« bezeichnet wird. Solche Seltenheiten können von unterschiedlicher Natur sein. Sie können freiwillig, bewusst und von vornherein durch den Hersteller festgelegt sein. Die heute gern verwendete »limitierte Auflage« gab es in der Vergangenheit weniger. Es gab nur wenige Beispiele für Autos – egal wie außergewöhnlich sie auch sein mochten – die in einer zuvor festgelegten Stückzahl gebaut wurden. Allerdings war ihr Verkaufspreis meistens so hoch angesetzt, dass er zu einer natürlichen Selektion der Kunden führte.

Oft war es allerdings auch so, dass die Seltenheit Folge eines kommerziellen Misserfolgs war. Modelle, deren Verbreitung begrenzt war, waren meistens die Opfer von zu hohen Preisen, wirtschaftlichen Schieflagen, mangelnder Nachfrage, schlechter Werbung oder einfach Unbrauchbarkeit.

Gleichwohl ist das Phänomen außergewöhnlicher Modelle in der Geschichte des Automobils nichts Neues – und stets waren auch Supersportwagen dabei.

Bentley Speed Six Sportsman Coupé »Blue Train« (Karosserie: Gurney Nutting), 1930
Der Speed-Six ist die sportliche Variante des Bentley 6 ½ Litre. Von allen Karosserievarianten wird diese berühmteste Version (fälschlicherweise) mit dem Rennen gegen den französischen Luxuszug *Train Bleu* in Verbindung gebracht. Am 13. Mai 1930 war eine Speed-Six-Limousine um 17:45 in Cannes gestartet und kam an nächsten Tag um 15:20 in London an – zwanzig Minuten, bevor der *Train Bleu* im Bahnhof von Calais einlief. Dennoch gilt das Sportsman Coupé als außergewöhnlichster Speed Six. (Reihen-Sechszylinder, 6,6 Liter Hubraum, 180 PS, Stückzahl: 1 [HM2855] von insgesamt 182 Speed Six)

Mercedes-Benz 500K Autobahnkurier, 1934

Auf der Berliner Automobilausstellung im März 1934 stellte Mercedes-Benz den 500 K vor, der rundherum mit seiner Einzelradaufhängung und Kompressor-Aufladung modernste Technik vereinte. Als Karosserievarianten werden ein Spezial-Roadster, ein zweisitziges Cabriolet »A« und zwei viersitzige Cabrios »B« und »C« angeboten. Das Coupé »Autobahnkurier« spielte auf die »Straßen des Führers« im seit einem Jahr von Nationalsozialisten regierten Deutschland an. (Reihen-Achtzylinder, 5 Liter Hubraum, 160 PS, Stückzahl: 6 Autobahn-Kurier – davon vier 500 K und zwei 540 K von insgesamt 342 Fahrzeugen des Typs 500 K und 519 Einheiten des 540 K)

Duesenberg SSJ Special Speedster (LaGrande), 1935

Für die beiden Hollywood-Stars Clark Gable und Gary Cooper entwirft Duesenberg zwei ganz besondere und leistungsstarke Speedster, die auf dem ultrakurzen Chassis der Modelle J und SJ basieren. Die von Herbert Newport gestalteten Speedster werden vom Karosseriebauer Central Manufacturing bestückt und »LaGrande« genannt. (Reihen-Achtzylinder, 6,9 Liter Hubraum, 320 PS, Stückzahl: 2 SSJ [J-487 und J-567] von insgesamt 38 Fahrzeugen des Modells SJ)

Delage D8-120 S Aérosport (Letourneur & Marchand), 1936

Diese auf dem Automobilsalon 1936 vorgestellte Kreation von Letourneur & Marchand greift ein Lieblingsthema des Karosseriebauers auf: weit heruntergezogene Seitenfenster ohne B-Säule. Der letzte Aérosport wird 1939 nach New York geschickt, um auf der Weltausstellung das Know-how des französischen Herstellers zu präsentieren. (Reihen-Achtzylinder, 4,7 Liter Hubraum, 120 PS, Stückzahl: 12 Aérosport von insgesamt 66 Fahrzeugen des Modells D8-120)

Delahaye 135 Compétition Phaéton Grand Sport (Figoni & Falaschi), 1936

Unter den vielen Variationen, die von verschiedenen französischen Karosseriebauern auf dem Chassis des Typs 135 entstehen, gehört der 1936 vom Illustrator Géo Ham gestalteten und auf dem Pariser Salon vorgestellten Phaéton Grand Sport zu den ungewöhnlichsten. Die stromlinienförmigen und geschlossenen Art-Déco-Kotflügel sind inspiriert von den Fahrwerksverkleidungen des von René Couzinet gebauten Flugzeugs Arc-en-Ciel. (Reihen-Sechszylinder, 3,5 Liter Hubraum, 120 PS, Stückzahl: 11 Compétition Phaéton Grand Sport)

Alfa Romeo 8C 2900B Berlinetta (Touring), 1937
Alfa Romeo enthüllt den 8C 2900B im Oktober 1937 in Paris als *Berlinetta* (»kleine Limousine«), die sich als eine Kombination aus Raffinesse und Einfachheit, harmonischen Proportionen, klaren Linien und ausgewogenen Massen präsentiert. Die Carrozzeria Touring ist für ihre »Superleggera«-Konstruktionen bekannt, bei denen ein Skelett aus dünnen Rohren mit Aluminiumblechen beplankt wurde. (Reihen-Achtzylinder, 2,9 Liter Hubraum, 180 PS, Stückzahl: 5 Berlinettas von insgesamt 12 Fahrzeugen des Modells 8C 2900 B Lungo)

Bugatti 57 SC Atlantic, 1937
Der von Ettores Bugattis Sohn Jean entworfene Atlantic hebt sich durch seine schlichte und technische Form deutlich von anderen Sportwagen ab. Es gibt keine Verzierungen, kein Chrom und keine Farbspiele. Die Kotflügel und die Karosserie sind mit vernieteten außenliegenden Falzen versehen, die ungewöhnliche dekorative Elemente darstellten. (Reihen-Achtzylinder, 3,3 Liter Hubraum, 200 PS, Stückzahl: 4 Atlantic von insgesamt 42 Exemplaren des Typs 57 SC)

Talbot-Lago T150C Super Sport Coupé aérodynamique (Figoni & Falaschi), 1937
Die Nachwelt nennt ihn aufgrund seines Profils nur »Wassertropfen«. Die Windschutzscheibe ist stark geneigt, die Seitenfenster sind eiförmig, die Scheinwerfer sind hinter Gittern komplett in die schwülstigen Kotflügel integriert. Der Wagen gilt als Meisterstück der bei Paris beheimateten Karosseriebaufirma Figoni & Falaschi, die hier sämtliche aerodynamischen Erkenntnisse ihrer Zeit anwendet. (Reihen-Sechszylinder, 4,0 Liter Hubraum, 200 PS, Stückzahl: 10 Coupé aérodynamique von insgesamt 69 Exemplaren des Lago SS)

Maserati Sport 2000 Berlinetta (Pinin Farina), 1954
Einen Rennwagen in einen Straßensportwagen umzuwandeln, kann zu hervorragenden Ergebnissen führen, wie dieser Tipo A6GCS zeigt, der von Pinin Farina nach einem fulminanten Entwurf von Aldo Brovarone gebaut wird. Der Stylist hat hier durch verschärfte Proportionen, ein beengtes Cockpit und mit straffen Linien ein hochkarätiges Coupé abgeliefert. (Reihen-Sechszylinder, 2,0 Liter Hubraum, 170 PS, Stückzahl: 4 Berlinettas Pinin Farina von insgesamt 54 Exemplaren des A6GCS)

Ferrari 375 Millemiglia Berlinetta Speciale (Scaglietti), 1955
Der 375 MM ist ein Rennwagen, aber einige treue Kunden haben es geschafft, sich davon eine Straßenversion bauen zu lassen. So erhält Roberto Rossellini nach der Zerstörung seines 375 MM mit Spider-Competizione-Karosserie, von Ferrari eine neue, bei Scaglietti angefertigte Karosserie. (V12-Motor, 4,5 Liter Hubraum, 340 PS, Stückzahl: 1 Berlinetta Scaglietti von insgesamt 23 Exemplaren des 375 MM)

Mercedes-Benz 300 SL Alu-Coupé, 1955
Der 300 SL-Flügeltürer muss niemandem mehr vorgestellt werden. Auf Französisch heißen die Modelle *Portes Papillon* (Schmetterlingstüren) und im englischen Sprachraum treffender *Gullwing* (Möwenflügel). Nach dem Serienmodell wird 1954 auf der Auto Show in New York eine stärkere und leichtere Variante mit Aluminiumkarosserie enthüllt. (Reihen-Sechszylinder, 3,0 Liter Hubraum, 240 PS, Stückzahl: 29 Alu-Coupés von insgesamt 1400 Exemplaren des 300 SL-Flügeltürers)

Jaguar XK-SS, 1957
Für den nicht mehr wettbewerbsfähigen und schwer verkäuflichen D-Type findet Jaguar die Lösung, daraus mit einigen Anpassungen einen GT-Roadster zu bauen. Doch am 12. Februar 1957, nur wenige Tage nach Produktionsbeginn, wird das Werk in der Browns Lane in Allesley bei Coventry von einem Feuer zerstört; dabei werden 300 Autos beschädigt und 164 völlig zerstört. Die Produktion muss für sechs Wochen unterbrochen werden, die Herstellung des XK-SS wird danach nicht wieder aufgenommen. (Reihen-Sechszylinder, 3,4 Liter Hubraum, 250 PS, Stückzahl: 16 Exemplare)

Aston Martin DB4 GT Zagato, 1960
Beim britischen Hersteller Aston Martin ist man schon früh dem Charme des italienischen Stylings verfallen. Nach Beratungen mit der Carrozzeria Touring wendet sich die Firma aus Newport Pagnell an das Mailänder Unternehmen Zagato, um eine besonders sportliche Version des DB4 GT zu entwerfen, die 1960 auf der London Motorshow vorgestellt werden soll. Das von Ercole Spada gestaltete Coupé weist eine stark gerundete, glatte und aggressive Aluminium-Karosserie auf. (Reihen-Sechszylinder, 3,7 Liter Hubraum, 314 PS, Stückzahl: 19 Zagato-Versionen von insgesamt 94 Exemplaren des DB4 GT)

Maserati 5000 GT (Allemano), 1961
Als Antwort auf den Ferrari 410 Superamerica bietet Maserati ein auf Sonderbestellung gebautes Prestigefahrzeug an. Im Hinblick auf absolute Exklusivität wird die Wahl des Stylings und der Karosserie dem Kunden überlassen. Bevor andere Karosseriebauer ihre Modelle enthüllen, wird auf dem Turiner Salon 1959 der 5000 GT mit einer Karosserie von Touring vorgestellt. Bald führt auch die sehr produktive Carrozzeria Allemano aus Turin ihre Kreation vor. (V8-Motor, 4,9 Liter Hubraum, 325 PS, Stückzahl: 21 Allemano-Coupés von insgesamt 32 Exemplaren des 5000 GT)

Jaguar D-Type Coupé Spécial Le Mans (Michelotti), 1963
Als auf dem Genfer Salon dieses wunderschöne Coupé vorgestellt wird, ahnt niemand, dass Giovanni Michelotti einen 1957 in Le Mans verunglückten D-Type neugestaltet hat. Der Wagen behält den kurzen Radstand und die großen Räder des Rennfahrzeugs. Die schlanken, grazilen Linien sowie das helle und flache Cockpit bildeten dazu einen krassen Kontrast. (Reihen-Sechszylinder, 3,4 Liter Hubraum, 245 PS, Stückzahl: 1 Exemplar [XKD-513] von insgesamt 71 Exemplaren des D-Typs)

Iso Rivolta Grifo A3C (Bertone), 1963
Der Ingenieur Giotto Bizzarrini entwickelt als Spitzenmodell der Firma Iso Rivolta den radikalen Prototyp des Grifo (Greif), der in letzter Minute für den Turiner Autosalon 1963 fertiggestellt wird. Die gestreckte und Kraft suggerierende Karosserie wird vom noch jungen Giorgetto Giugiaro bei Bertone gefertigt. Sports Cars in Modena realisiert die mit 9000 Nieten gespickte Alu-Karosserie. (V8-Motor, 5,3 Liter Hubraum, 350 PS, Stückzahl: 18 Modelle mit »genieteter« Karosserie von insgesamt 412 Grifo)

Ferrari 500 Superfast (Pininfarina), 1964
Auf dem Genfer Salon 1964 wird dieses Prestige-Coupé vorgestellt, das den 400 Superamerica ablösen soll. Die Karosserie des ebenfalls von Pininfarina entworfenen 500 Superfast ist länger und glatter als die des Vorgängers. Die Fensterfläche ist größer und das Heck verfügt über eine Abrisskante. Die technische Basis unterscheidet sich kaum vom Vorgänger. (V12-Motor, 5,0 Liter Hubraum, 400 PS, Stückzahl: 37 in zwei Serien)

Shelby Cobra 427 S/C, 1965

Bei der Cobra wächst im Oktober 1964 mit Einführung des Mark III der Hubraum von 4,7 auf 7,0 Liter an. Ausgestellte Kotflügel sorgen dafür, dass verbreiterte Räder aufgenommen werden können. Die geschwungene Karosserie verbirgt einen Rohrrahmen und rundherum Einzelradaufhängungen. Ab April 1965 kommt die »Street Version« mit 425 PS auf den Markt, weil Shelby unverkaufte Rennwagen zulassungsfähig gemacht hatte. (V8-Motor, 7,0 Liter Hubraum, 485 PS, Stückzahl: 29 Exemplare des S/C von 315 Cobra 427 Sport- und Rennwagen)

Ford GT40 Mark III, 1967

Die Straßenversion des GT40 wird 1965 auf der IAA in Frankfurt vorgestellt; die Fertigung soll in den Werkstätten von Ford Advanced Vehicles in Slough, in der Nähe von London, beginnen und wird später von John Wyer Automotive Engineering übernommen. Auf der New York Motorshow 1967 enthüllt Ford schließlich den Mark III, der sogar einen Kofferraum und etwas Komfort aufweist. (V8-Motor, 7,0 Liter Hubraum, 306 PS, Stückzahl: 7 Exemplare des Mark III von 85 GT40 mit Straßenzulassung)

Alfa Romeo 33 Stradale, 1967

Die »Stradale«-Version des Rennwagens Alfa Romeo Tipo 33 wird 1967 diskret auf einer Rennwagenmesse in Mailand gezeigt. Die muskulös wirkende Karosserie mit vielen Rundungen stammt von Franco Scaglione, der viele Jahre mit Bertone zusammengearbeitet hatte. Die Produktion des nur 700 kg wiegenden Wagens erfolgt bei der Carrozzeria Marazzi in Mailand. (V8-Motor, 2,0 Liter Hubraum, 230 PS, Stückzahl: 18 Exemplare)

Der Ferrari F40 ist eine Weiterentwicklung des 288 GTO.

DIE 1980ER-JAHRE

Im Zeichen der Sportlichkeit

Das Konzept des *Supersportwagens* entstand durch ein Missverständnis. Seine Geburt geht zurück auf das Erscheinen des Porsche 959 und des Ferrari 288 GTO – zwei unendlich begehrenswerte Autos, deren Hersteller sich einige überraschende Spitzfindigkeiten ausgedacht hatten.

Porsche und Ferrari begründeten die Vermarktung des 959 und des 288 GTO mit der Notwendigkeit, bei der *Commission Sportive Internationale* (CSI) eine Zulassung in der Gruppe B zu erhalten. Allerdings wurden beide Autos letztendlich nicht zugelassen und erlebten damit auch keine Sportkarriere.

Die Spielregeln für den Automobilsport waren für die Saison 1982 neu festgelegt worden und drei neue Gruppen ersetzten die vier bisherigen Kategorien. Die Gruppe 1 (Serien-Tourenwagen), Gruppe 2 (Tourenwagen), Gruppe 3 (Serien-GT) und Gruppe 4 (GT) waren durch die Gruppe N (Großserienfahrzeuge), Gruppe A (Großserien-Tourenwagen) und Gruppe B (GT-Wagen) ersetzt worden.

Bereits 1982 hatte die *Fédération Internationale de l'Automobile* (FIA) die Rallye-Weltmeisterschaft für diese neuen Standards und insbesondere für die vielversprechenden Autos der neuen Gruppe B geöffnet. Aufgrund der späten Veröffentlichung der Vorschriften konnten die Hersteller anfangs keine neuen Modelle präsentieren; lediglich Lancia stellte bereits bei der Rallye Korsika im Mai den Rally 037 vor. Die anderen Firmen beschränkten sich auf Aktualisierungen von Fahrzeugen der Gruppen 2, 3 oder 4, so zum Beispiel der Audi Quattro von Michèle Mouton und der Opel Ascona 400 von Walter Röhrl, die um die Konstrukteurs- und Fahrerweltmeisterschaft kämpften.

In der Langstrecken-WM und vor allem bei den 24 Stunden von Le Mans kam die Gruppe B vor 1983 gar nicht richtig zum Einsatz – und dann auch nur mit zwei Anwärtern: dem Porsche 911 Turbo und dem BMW M1. Der Porsche 959 und der Ferrari 288 GTO hätten in dieser Klasse theoretisch also eine echte Bereicherung dargestellt. Doch tragische Umstände ließen die Ereignisse überstürzen. Die Gruppe B sollte zumindest in der Rallye-WM bald infrage gestellt werden, denn die Autos dieser Klasse hatten sich als zu stark, zu schnell und zu monströs erwiesen. In der ersten Wertungsprüfung der Rallye Portugal, die den dritten Lauf zur Weltmeisterschaft 1986 darstellte, ereignete sich ein Unfall, den die Gegner der Gruppe B vorausgeahnt und gefürchtet hatten: Ein Ford RS 200 kam von der Strecke ab und raste in eine Gruppe von Zuschauern. Dabei wurden drei Menschen getötet und 30 weitere verletzt. Viele Fahrer zeigten ihre Missbilligung über die Leistungs-Eskalation. Zwei Monate später fand im Rallyesport eine neue Tragödie statt: Henri Toivonen und sein Beifahrer Sergio Cresto kamen bei der Rallye Korsika am Col d'Ominanda ums Leben, als ihr Lancia Delta S4 außer Kontrolle geriet, in eine Schlucht stürzte und in Flammen aufging. Nach diesem Drama entschloss sich die FIA, die Gruppe B ab 1987 zu verbieten.

Trotz der verschwundenen Gruppe B wollten Porsche und Ferrari ihre wunderschönen und seltenen Autos einer anspruchsvollen Kundschaft nicht vorenthalten. Sollte sich für die neue Spezies der Supersportwagen ein neuer Königsweg öffnen? Nicht ganz! Man muss wissen, dass in diesem Kontext keine Exzesse möglich sind. Nachdem sich die Weltwirtschaft mit Mühe von der ersten Ölkrise erholt hatte, brach sie nach kurzer Zeit wieder ein, als der Nahe Osten erneut in Flammen aufging. Mit Beginn des Ersten Golfkriegs im September 1980 stieg der Preis für ein Barrel Rohöl von 13 auf 50 US-Dollar, sodass neue Zwangsmaßnahmen eingeleitet wurden. Der geopolitisch bedingte Ölschock machte die Welt auf unsichere Energiequellen aufmerksam und zwang die Industrienationen, ihren Ölverbrauch zu senken. Gleichzeitig entstanden in diesem Zusammenhang in Deutschland und Frankreich ökologisch orientierte Parteien.

Deren Aktivisten sollten nicht zu den motiviertesten Unterstützern von Sportwagen gehören – geschweige denn von Supersportwagen.

PORSCHE 959

Frankfurt, September 1983

Auf der Internationalen Automobilausstellung 1983 in Frankfurt am Main kündigt Porsche vorab die baldige Enthüllung eines außergewöhnlichen Fahrzeugs an, in dem das gesamte Know-how der Marke vereint sein würde. Anhand der im Entwicklungszentrum Weissach verwendeten Nomenklatur trägt das Projekt die Nummer 959. Tatsächlich gehörte das Fahrzeug zur 911-Familie, die Porsche mit aller Kraft vorantreibt. Im September 1983 feiert der 911 seinen 20. Geburtstag und ist bereits auf dem Weg zu einer echten Ikone. Die Verwandtschaft des 959 mit dem 911 zeigte sich in der Fahrgastzelle und dem Gesamtaufbau. Offiziell ist der 959 als Homologation für die berühmte Gruppe B entwickelt worden, die 1982 begründet worden war. Der auf der Frankfurter Messe gezeigte Prototyp ist zudem mit »Gruppe B« beschriftet. Allerdings gibt es bereits einen für die Gruppe B homologierten 911 Turbo, der das 24-Stunden-Rennen von Le Mans in seiner Klasse gewonnen hatte. In diesem Jahr hatte Porsche mit dem unschlagbaren 956-Prototyp die ersten acht Plätze der Gesamtwertung belegt. Auf dem 11. Rang landete der erste 911 Turbo (Typ 930), der mit einem 365 PS starken 3,3-Liter-Motor speziell für die Gruppe B vorbereitet worden war. Unter diesen Bedingungen ist die Rolle, die der 959 in Porsches sportlicher Strategie spielen soll, nicht ganz klar.

In Frankfurt zeigt sich der 959 lediglich in Form einer Designstudie. Nach dieser Vorpremiere dauert es noch zwei weitere Jahre, bis der 959 in Produktion geht. Während die Fahrgastzelle des 911 beibehalten wird, ist die Silhouette durch deutlich vergrößerte Front- und Heck-Elemente stark verändert worden. Die langgezogene Motorhaube wird durch einen imposanten Heckspoiler gekrönt. Vorn sorgen deutlich verbreiterte Radhäuser für eine massive Optik. Auch die Technik ist grundlegend überarbeitet. Durch eine Registeraufladung mit zwei Turboladern gelangt die Antriebskraft über einen variablen Allradantrieb auf die Straße. Beim weiterhin hinter der Hinterachse angeordnete Sechszylinder-Boxermotor sind die Zylinderköpfe jetzt wassergekühlt, die Zylinder werden nach alter Tradition von einem Gebläse gekühlt.

- **Motor:**
Sechszylinder-Boxer-Heckmotor – (DOHC, 4 Ventile), Biturbo, Hubraum: 2894 cm³, Bohrung x Hub: 95 x 67 mm, Leistung: 450 PS bei 6500/min
- **Länge/Breite/Höhe:**
426 x 184 x 128 cm
- **Radstand/Spurbreite:**
227,2 x 150,4 x 155 cm
- **Gewicht:**
1350 bis 1450 kg
- **Fahrleistung:**
310 km/h, 3,9 sec von 0 – 100 km/h
- **Produktion:**
292 Exemplare (1986 – 1988)

Im September 1983 feiert der 911 seinen 20. Geburtstag und ist bereits auf dem Weg zu einer echten Ikone.

Man erkennt, dass die Fahrgastzelle vom 911 stammt.

Mit einem Preis ab 420.000 DM (ca. 210.000 EUR) erhält sich der 959 einen exklusiven Status. Es werden 292 Exemplare gebaut.

Trotz seines angeblichen Ziels wird der 959 niemals bei Autorennen eingesetzt – mit einer brillanten Ausnahme: zwei Teams, bestehend aus René Metge und Dominique Lemoyne sowie Jacky Ickx mit Claude Brasseur treten 1986 bei der Rallye Paris-Dakar an – und werden in der senegalesischen Hauptstadt als Sieger und Zweite abgewunken. Der dritte angemeldete 959, gefahren von Roland Kussmaul und Hendrik Unger, belegt den sechsten Platz.

Ein Vorserienmodell des Porsche 959 im Originalmaßstab.
–
Die Schnittzeichnung zeigt den Allradantrieb des 959.

Der Biturbo-Boxermotor des Porsche 959.

FERRARI 288 GTO

Genf, März 1984

Das Styling erinnert an den 328 GTB.

Zweiundzwanzig Jahre nach dem Erscheinen des 250 GTO tauchen die drei magischen Buchstaben (für *Gran Turismo Omologato*) im März 1984 auf dem Genfer Automobilsalon wieder auf. Zwei von Leonardo Fioravanti gestaltete GTO-Coupés werden gleichzeitig präsentiert: eines auf dem Ferrari-Stand (Fahrgestellnummer 50255) und eines auf dem Stand von Pininfarina (Nr. 50253).

In der Pressemitteilung wird angekündigt, dass der GTO in der Gruppe B homologiert werden soll, was in dieser Klasse mindestens 200 Exemplare erforderlich macht.

Wenn die Initialen »GTO« verwendet werden, ist es sehr wahrscheinlich, dass Ferrari einen Mythos wieder aufleben lassen will.

Der 288 GTO behält die vertraute Silhouette des zeitgenössischen 308 GTB Quattrovalvole bei, die weniger nach Bodybuilding als nach Grazilität aussieht – weiche und sinnliche Formen, die eine neuartige, hochentwickelte und furiose Technik verbergen. Der V8-Motor ist hier anders als beim 308

GTB längs eingebaut, hat etwas weniger Hubraum und wird von zwei Turboladern beatmet. Gegenüber dem 308 GTB wird der Radstand um 11 cm verlängert, was zur verbreiterten Spur und den großen Goodyear Eagle VR50-Reifen passt. Die Türen sind aus Stahl und die Motor-Abdeckung aus Aluminium gefertigt. Der größte Teil der Karosserie besteht aus glasfaserverstärktem Kunststoff. Es werden zwei Komfort-Optionen angeboten: eine Klimaanlage und elektrische Fensterheber; ansonsten muss sich die Kundschaft mit einem Velourbezug am Armaturenbrett zufriedengeben.

Trotz des Kürzels und der Ankündigung wird der GTO nie bei einem Rennen eingesetzt. Stattdessen führt Ferrari mit dem Wagen eine neue Kategorie ein, um betuchte Kunden zu begeistern.

Der 288 GTO soll zu einer extrovertierten Maschine weiterentwickelt werden. So entstehen in Zusammenarbeit mit Michelotto Automobili fünf »GTO Evoluzione«-Sondermodelle, tatsächlich als Rennwagen. Der in Padua beheimatete Karosseriebauer war seit 1969 Ferraris Partner für den Umbau von Straßenfahrzeugen zu Sportversionen. Beim 288 GTO Evoluzione fallen die Änderungen an der Karosserie und Verbesserungen der Aerodynamik deutlich auf. Die Silhouette wird durch breitere Kotflügel, eine neue Front mit mehreren Spoilern sowie einen dominanten Heckflügel stark verändert – Aggressivität statt Anmut. Zahlreiche Öffnungen sollen die Kühlung des Motors und der Bremsen verbessern. Die Motorleistung wird von 400 auf 650 PS gesteigert. Der Evoluzione geht nie in den Verkauf. Stattdessen werden sie für verschiedene Tests eingesetzt und treuen Kunden anvertraut. Die Erkenntnisse aus diesen Fahrzeugen fließen in die Entwicklung des F40 ein.

Anders als beim 328 GTB sitzt der Motor beim 288 GTO längs vor der Hinterachse.

- **Motor:**
V8-Mittelmotor mit 90° Zylinderwinkel (DOHC, 4 Ventile), Biturbo, Hubraum: 2855 cm³, Bohrung x Hub: 80 x 71 mm, Leistung: 400 PS bei 7000/min
- **Länge/Breite/Höhe:**
429 x 191 x 112 cm
- **Radstand/Spurbreite:**
245 x 155,6 x 156,2 cm
- **Gewicht:**
1160 kg
- **Fahrleistung:**
305 km/h, 4,9 sec von 0 – 100 km/h
- **Produktion:**
272 Exemplare (1984 – 1987)

Trotz des Kürzels und der Ankündigung sollte der GTO nie bei einem Rennen eingesetzt werden.

ISDERA IMPERATOR 108I

Genf, März 1984

Als ausgebildeter Ingenieur hat Eberhard Schulz auch ein Händchen für Design. Nachdem er bei Porsche, Mercedes-Benz und dem Tuningbetrieb BB GmbH in Frankfurt gearbeitet hatte, gründet Schulz 1981 in Leonberg sein eigenes Unternehmen, das er Ingenieurbüro für Styling, Design und Racing – kurz: Isdera – nennt. Ab 1983 baut er sein erstes Auto, einen Roadster namens Spyder.

Anschließend arbeitet er am Imperator 108i, einem Coupé, das an seinen bei BB entwickelten CW 311 erinnert, der wiederum als eine Reminiszenz an den Mercedes-Benz C 111 erscheint. Den C 111 hatte Mercedes 1969 entwickelt, um die Leistungsfähigkeit des Wankelmotors zu testen, für den man eine Lizenz erworben hatte (später wurden damit Geschwindigkeitsrekorde für Diesel-PKW aufgestellt). Der BB CW 311 von 1976 basierte auf dem C 111, war jedoch mit einem konventionellen V8-Benzinmotor aus dem Mercedes-Benz 450 SEL ausgerüstet. Der Isdera 108i wird direkt von diesem Prototyp abgeleitet – Gitterrohrrahmen, geschwungene Linie, V8-Motor vor der Hinterachse, aber mit weniger Hubraum. Trotz seiner unbestreitbaren Vorteile bleibt dem attraktiven Projekt ein großer Erfolg verwehrt. Theoretisch ist der im Laufe seiner Karriere immer wieder leicht modifizierte Imperator 17 Jahre lang verfügbar, dennoch werden nicht mehr als 30 Exemplare gebaut.

Die Verwandtschaft zum Mercedes-Benz C 111 ist unverkennbar. Der zentrale Rückspiegel auf dem Dach erfordert ein spezielles Sichtfenster.

- **Motor:**
  V8-Mittelmotor mit 90° Zylinderwinkel (OHC, 2 Ventile) (M117), Hubraum: 5547 cm³, Bohrung x Hub: 96,5 x 94,8 mm, Leistung: 300 PS bei 5000/min
- **Länge/Breite/Höhe:**
  422 x 183,5 x 113,5 cm
- **Radstand/Spurbreite:**
  248 x 148 x 140,8 cm
- **Gewicht:**
  1350 kg (2. Serie: 1410 kg)
- **Fahrleistung:**
  262 km/h (2. Serie: 292), 5,8 sec von 0 – 100 km/h (2. Serie: 5,6 sec)
- **Produktion:**
  17 Exemplare (1984 – 1991) + 13 Exemplare der 2. Serie (1992 – 2001)

VECTOR W8 TWIN TURBO

Los Angeles, Mai 1989

Der Vector W8 in seiner endgültigen Form.

Im April 1978 stellt Gerald »Jerry« Wiegert, Absolvent des *Center for Creative Studies* und des *Art Center College of Design* auf der Auto-Expo in Los Angeles ein keilförmiges Fahrzeug vor, das vom Flugzeugbau inspiriert zu sein scheint. In seiner im kalifornischen Venice liegenden Werkstatt entwickelt Wiegert einen ersten funktionsfähigen Prototyp, der ein Jahr später fertiggestellt wird. Der Anfang des 20. Jahrhunderts entstandene Venice Beach hatte von Anfang an viele Künstler an seine Kanäle gezogen. Seit den Hippiezeiten empfängt das Venedig aus Pappmaché überschwänglich und selbstironisch Künstler und Lebenskünstler. In den 1980er-Jahren wird der Vorort von Los Angeles zu einem Mekka für Außenseiter. Dass Wiegert dazugehört und sich etwas zutraut, veranschaulicht der Vector deutlich.

Der gelernte technische Zeichner Wiegert ist von der Luftfahrttechnik inspiriert, was sich auch in der Verwendung von leichten Materialien niederschlägt. Der Vector W2, angetrieben von einem Chevrolet-Motor mit zwei Turboladern, wird intensiv getestet, sodass die Entwicklung viele Jahre dauert. Die großen Ambitionen können nur mühsam erfüllt werden. Dennoch entscheidet sich Wiegert 1989, eine Weiterentwicklung namens W9 anzugehen.

- **Motor:**
  V8-Mittelmotor mit 90° Zylinderwinkel (OHV, 2 Ventile), Hubraum: 5980 cm³, Bohrung x Hub: 101,6 x 82,2 mm, Leistung: 625 PS bei 5700/min
- **Länge/Breite/Höhe:**
  437 x 193 x 108 cm
- **Radstand:**
  261,6 cm
- **Gewicht:**
  1506 kg
- **Fahrleistung:**
  350 km/h, 4,2 sec von 0 – 100 km/h
- **Produktion:**
  17 Exemplare (1990 – 1993)

Ein weit fortgeschrittener Prototyp des Vector.

FERRARI F40

Maranello, Juli 1987

Angesichts des kommerziellen Erfolgs des 288 GTO sind die Ferrari-Marketingexperten überzeugt, dass es einen lukrativen Markt für außergewöhnliche Produkte gibt, die neben dem offiziellen Programm in begrenzter Stückzahl angeboten werden. Also schieben sie einen 288 GTO ins Konstruktionsbüro zurück, um ihn zu optimieren, zu dramatisieren und zu modernisieren – und damit einen Nachfolger zu entwickeln. Die fünf Prototypen des 288 GTO Evoluzione führen im Juli 1987 schließlich zur Enthüllung des F40.

Damit stellt der ein Jahr vor Enzo Ferraris Tod geborene F40 für die Nachwelt das Testament des *Commendatores* dar. Mit seiner auf dem Bodeneffekt basierenden Aerodynamik, seinem Turbo-Motor und seiner Struktur aus Verbundwerkstoffen beansprucht der F40 zahlreiche Lösungen aus der Formel 1 für sich. Das Prinzip des Bodeneffekts ist einfach: Der Unterboden nimmt die Form eines umgekehrten Flügels an, der dadurch einen Unterdruck verursacht. Die Flanken der Karosserie sind durch bewegliche »Schürzen« ergänzt. Die Konstruktion der Fahrgastzelle markiert den radikalsten Fortschritt des F40 gegenüber dem 288 GTO: Sie zeichnet sich durch die Verwendung zahlreicher verklebter Elemente aus Verbundwerkstoffen (Kohlefaser und Kevlar) aus, die in ein herkömmliches Gitterrohr-Chassis integriert sind. Auch andere Karosserieelemente wie die Motorhaube, Türen und das Dach bestehen aus Verbundwerkstoffen – Premiere im Straßenfahrzeugbau.

Der von zwei Turboladern gedopte Motor zeichnet sich durch ein breites Drehzahlband aus. Beim manuellen Fünfgang-Getriebe haben die Kunden die Wahl zwischen der »puren und harten« Lösung sowie einer Variante mit synchronisierten Gängen. Dank der adaptiven Radaufhängungen kann das Fahrwerk des F40 drei Positionen einnehmen: »Normal«, »Hohe Geschwindigkeit« und »Manövrieren«. Ab 120 km/h verringert sich die Bodenfreiheit, um die Aerodynamik zu verbessern; dies geschieht automatisch mithilfe einer Hydraulikpumpe, die von einem Sensor am Tachometer gesteuert wird. Die Karosserie wird im Windkanal von Pininfarina entwickelt. Auch hier werden die Erkenntnisse aus dem 288 GTO Evoluzione genutzt. Trotz der immerhin zwölf Lufteinlässe zum Kühlen des Motors, der Bremsen und anderer Komponenten liegt der Luftwiderstandsbeiwert (c_w-Wert) bei nur 0,34.

Eine bei Pininfarina angefertigte Styling-Skizze.

Die Seitenfenster lassen sich aufschieben, auf Wunsch ist sogar eine Klimaanlage erhältlich. Käufer eines F40 werden gebeten, sich vorab einen maßgeschneiderten Schalensitz anfertigen zu lassen und sich nach der Entgegennahme auf der Rennstrecke von Fiorano mit dem Fahrzeug vertraut zu machen.

Angesichts der Leistungsfähigkeit des F40 scheint Aussicht auf eine sportliche Karriere zu bestehen. Aber in welcher Klasse? Bei der Präsentation macht Daniel Martin, Chef von Ferrari France, keinen Hehl aus seinem Wunsch, den F40 bei Langstreckenrennen einzusetzen. Schon bald ist er der Meinung, dass die Teilnahme an den Rennen der IMSA GTO-Klasse in den USA die beste Wahl wäre. Mit dem 700-PS-starken F40 LM, der im November 1989 sein Debüt in Laguna Seca hat, werden Nägel mit Köpfen gemacht. Eine weitere sportliche Variante mit einem 560-PS-starken Motor wird für die italienischen Gran-Turismo-Meisterschaften der Jahre 1992 und 1993 vorbereitet. Diesen F40 GT stellt die Firma Michelotto Automobili her.

1994 wird auf Anregung der drei Enthusiasten Jürgen Barth (leitender Angestellter bei Porsche), Patrick Peter (Event-Organisator) und Stéphane Ratel (Leiter der Marketingleiter bei Venturi) eine neue Meisterschaft ins Leben gerufen, die den Geist des *Gentleman-Fahrers* wiederbeleben soll. Die Initialen ihrer Nachnamen bilden den Titel der Meisterschaft: BPR. Für die Teilnahme bietet Ferrari den F40 GTE an, der vom F40 LM abstammt, aber einen auf 635 PS gedrosselten Motor besitzt.

Schließlich werden auf besonderen Wunsch einiger Kunden zehn F40 GTE mit Straßenzulassung gebaut – »F40 Competizione« genannt.

Der F40 ist in mancherlei Hinsicht ein Missverständnis: Er wurde angekündigt als exklusives Modell – und schließlich 1311-mal gebaut. Kann man bei einer solchen Stückzahl von einem seltenen Objekt sprechen?

Das Cockpit des F40 ist auf ein Minimum reduziert.

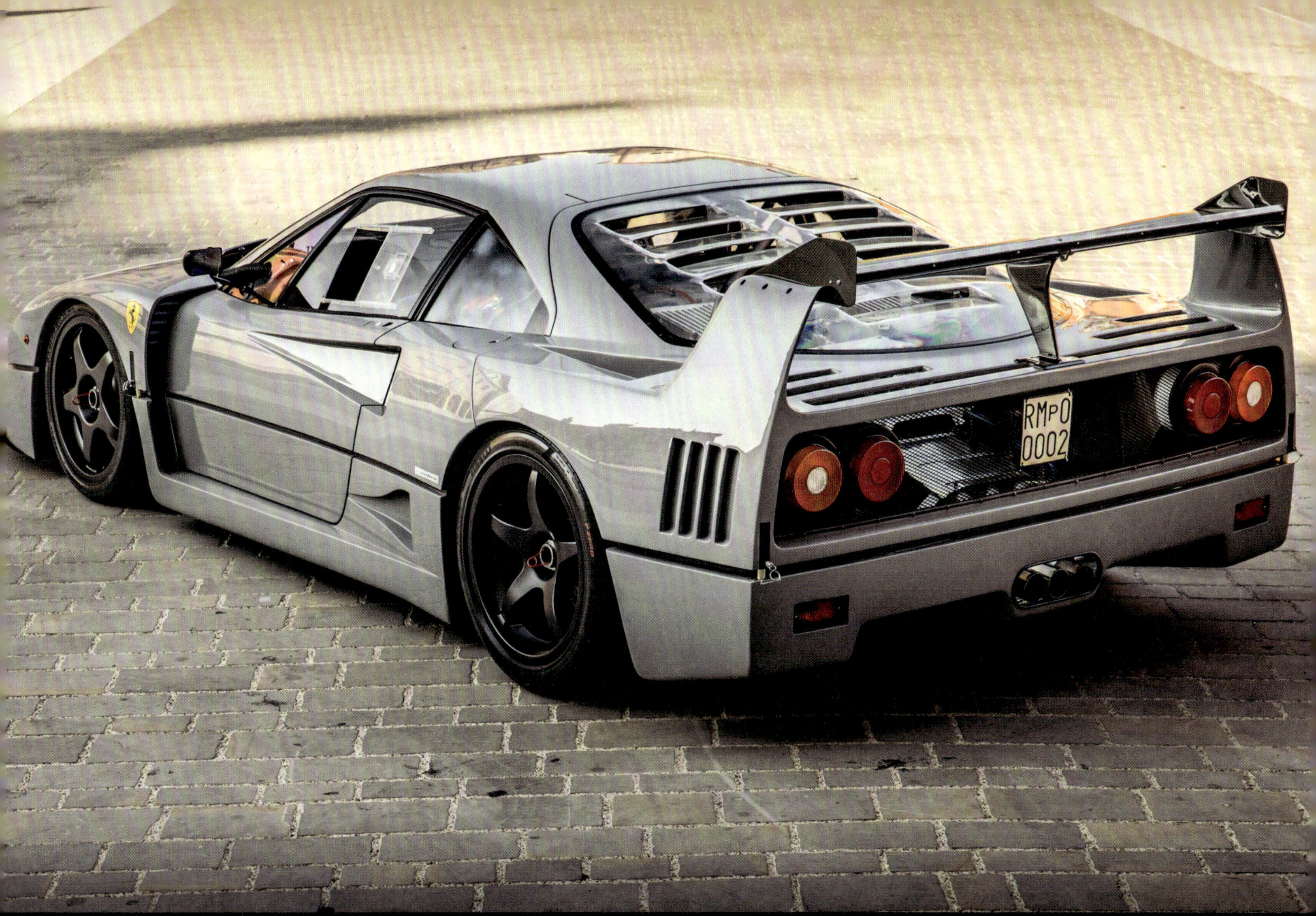

- **Motor:**
V8-Mittelmotor mit 90° Zylinderwinkel (DOHC, 4 Ventile), Biturbo, Hubraum: 2936 cm³, Bohrung x Hub: 82 x 69,5 mm, Leistung: 478 PS bei 7000/min
- **Länge/Breite/Höhe:**
443 x 198 x 113 cm
- **Radstand/Spurbreite:**
245 x 159,5 x 161 cm
- **Gewicht:**
1100 kg
- **Fahrleistung:**
324 km/h, 4,1 sec von 0 – 100 km/h
- **Produktion:**
1311 Exemplare (1987 – 1992), davon 1268 Standardmodelle, 19 F40 LM, 10 F40 Competizione, 7 F40 GT und 7 F40 GTE

Eines von zehn Exemplaren des F40 Competizione.

–

Der Biturbo-V8-Motor des F40.

Die zweite Generation des 911 Speedster von 1992 basiert auf dem Carrera 2 der Generation 964.

- **Motor:**
  Sechszylinder-Boxer-Heckmotor (OHC, 2 Ventile), Hubraum: 3164 cm³, Bohrung x Hub: 95 x 74,4 mm, Leistung: 231 PS bei 5900/min
- **Länge/Breite/Höhe:**
  429 x 165 (Turbolook: 177,5) x 122 cm
- **Radstand/Spurbreite:**
  227 x 140 x 140,7 cm
- **Gewicht:**
  1140 bis 1290 kg
- **Fahrleistung:**
  244 km/h, 6,1 sec von 0 – 100 km/h
- **Produktion:**
  2274 Exemplare, darunter 2103 »Turbolook« (1987 – 1988)

Die erste Generation des 911 Speedster (G-Modell) entsteht 1987.

Der 911 Turbo S von 1992 ist eine seltene und entsprechend teure Version des 911 Turbo.

VARIANTE

PORSCHE 911 SPEEDSTER (964)

Paris, Oktober 1992

Die zweite Auflage des 911 Speedster basiert auf der Generation 964. Die Formel gleicht dem Modell von 1987: manuelles Verdeck mit Abdeckklappe, niedrige Windschutzscheibe. Die geplante Produktionszahl ist geringer und offiziell entfällt der »Turbolook« (einige Modelle werden auf besonderen Wunsch dennoch in der »Exclusiv«-Abteilung damit ausgerüstet).

- **Motor:**
Sechszylinder-Boxer-Heckmotor (OHC, 2 Ventile), Hubraum: 3600 cm³, Bohrung x Hub: 100 x 76,4 mm, Leistung: 250 PS bei 6100/min
- **Länge/Breite/Höhe:**
425 x 165,5 x 131 cm
- **Radstand/Spurbreite:**
227 x 165,2 x 132 cm
- **Gewicht:**
1350 kg
- **Fahrleistung:**
260 km/h, 5,5 sec von 0 – 100 km/h
- **Produktion:**
936 Exemplare (1992 – 1993)

VARIANTE

PORSCHE 911 TURBO S

Detroit, März 1992

Diese Version (das S steht tatsächlich für *supercar*) wird von dem Modell inspiriert, mit dem in den USA in der Kategorie IMSA Rennen gefahren werden. Das Fahrzeug wiegt mit 1280 kg fast 200 kg weniger und sein 3,3-Liter-Motor leistete 60 PS mehr als der 911 Turbo. Der Preis der 86 gebauten Exemplare liegt bei jeweils 295.000 DM.

- **Motor:**
Sechszylinder-Boxer-Heckmotor (OHC, 2 Ventile), Turbolader, Hubraum: 3299 cm³, Bohrung x Hub: 97 x 74,4 mm, Leistung: 380 PS bei 6000/min
- **Länge/Breite/Höhe:**
429 x 177,5 x 131 cm
- **Radstand/Spurbreite:**
227 x 143,2 x 150 cm
- **Gewicht:**
1280 kg
- **Fahrleistung:**
280 km/h, 4,7 sec von 0 – 100 km/h
- **Produktion:**
86 Exemplare (1992)

CIZETA-MORODER V16T

Los Angeles, Dezember 1988

Das Styling des Cizeta stammt von Marcello Gandini.

Die Firma Cizeta Moroder Motors srl mit Sitz in der Via dei Tipografi in Modena wurde von zwei Männern mit unterschiedlichen Schicksalen gegründet. Der Finanzier Giorgio Moroder ist ein Guru des kalifornischen Showbiz, Texter für Donna Summer und Komponist des Soundtracks von Midnight Express, während der erfahrene Techniker Claudio Zampolli 1973 in die USA ging, um das Lamborghini-Netzwerk zu reorganisieren, bevor er sich selbstständig machte, um exotische Autos zu verkaufen. Schon bald trennen sich die beiden Protagonisten wieder, dennoch tritt die Firma unter dem neuen Firmennamen Cizeta Automobili auf dem Genfer Salon 1991 auf.

Der Cizeta-Moroder V16T wird von einem Team von Technikern gebaut, die größtenteils von Lamborghini stammen. Die Mechanik beruht auf klassischen Techniken und Materialien. Der Rohrrahmen ist mit einer Karosserie aus Aluminium beplankt. Das Fahrwerk besteht aus Dreiecksquerlenkern und die innenbelüfteten Brembo-Bremsen sind weder mit ABS noch mit ASR ausgerüstet. Das Design der Karosserie stammt von Marcello Gandini (1938 – 2024), der getreu seiner Tradition scharfe, brutale und komplexe Linien zeichnet, die bereits auf den zukünftigen Lamborghini Diablo hinweisen, der im Februar 1990 debütieren soll.

Das Herz des Cizeta ist natürlich der von Tecnostile entwickelte und quer vor der Hinterachse montierte V16-Motor, der die Leistung in der Mitte der Kurbelwelle an das ZF-Getriebe abgibt. Keineswegs sind jedoch hier zwei Lamborghini-V8-Triebwerke miteinander verbunden. Nach dem Prototyp von 1988 wird der erste »Serien«-Wagen im September 1991 ausgeliefert. Es folgen sechs weitere Fahrzeuge, bevor das Unternehmen 1995 geschlossen wird.

- **Motor:**
  V16-Mittelmotor mit 90° Zylinderwinkel (DOHC, 4 Ventile), Hubraum: 5995 cm³, Bohrung x Hub: 86 x 64,5 mm, Leistung: 520 PS bei 7000/min
- **Länge/Breite/Höhe:**
  444,2 x 205 x 111,5 cm
- **Radstand/Spurbreite:**
  269 x 161 x 160 cm
- **Gewicht:**
  1700 kg
- **Fahrleistung:**
  300 km/h, 4,5 sec von 0 – 100 km/h
- **Produktion:**
  8 Exemplare (1991 – 1995)

Im Cizeta arbeitete einer der wenigen Sechzehnzylindermotoren des weltweiten Automobilbaus.

DIE SCHNELLSTEN

KM/H

Etliche Hersteller streiten sich um den Titel für das schnellste auf dem Markt befindliche und zugelassene Auto der Welt. In diesem Bereich werden oft ohne konkreten Hintergrund Ankündigungen getätigt, um aufzufallen und Rivalen zu beeindrucken. Wenn Zahlen nicht bestätigt und offiziell anerkannt sind (manchmal sogar vom Guinness-Buch der Rekorde), beruhen sie oft auf theoretischen Berechnungen oder reiner Angeberei. In Zweifelsfällen werden hier allerdings auch inoffizielle Werte angegeben.

DIE 1980ER-JAHRE

1. **VECTOR W8 TWIN-TURBO** (1989) 350 KM/H
2. **FERRARI F40** (1987) 324 KM/H
3. **PORSCHE 959** (1983) 310 KM/H

DIE 1990ER-JAHRE

1. **VECTOR AVTECH WX-3** (1992) 402 KM/H
2. **McLAREN F1** (1992) 370 KM/H
3. **NISSAN R390** (1997) 355 KM/H

DIE 2000ER-JAHRE

1. **BUGATTI VEYRON 16.4 GRAND SPORT** (2008) 415 KM/H
2. **BUGATTI VEYRON 16.4** (2000) 406 KM/H
3. **KOENIGSEGG CCX** (CCX 2006, CCXR 2007) 400 KM/H

DIE 2010ER-JAHRE

1. **HENNESSEY VENOM F5** (2017) 485 KM/H
2. **SSC TUARATA** (2018) 483 KM/H
3. **SALEEN S7 LM** (2016) 480 KM/H

DIE 2020ER-JAHRE

1. **BUGATTI BOLIDE** (2019) 500 KM/H
2. **ZENVO AURORA** (2023) 450 KM/H
3. **BUGATTI VEYRON SUPER SPORT** (2021) 440 KM/H

PROTOTYP

JAGUAR XJ220

Birmingham, Oktober 1988

Der Prototyp des XJ220, wie er 1988 präsentiert wird.

Auch Jaguar will auf der Welle der Opulenz und der Spekulation mitschwimmen, doch die Raubkatze kommt zu spät. Ursprünglich wurde das Projekt XJ220 ohne Kenntnisse des Jaguar-Managements von einer Gruppe Mitarbeiter entwickelt. Unter ihnen befinden sich als Schlüsselfiguren der technische Direktor Jim Randle und der Designer Keith Helfet. Die rasante Linie des XJ220 ist ganz im Sinne der ikonischen Modelle der Marke; mit seiner kleinen ovalen Kühleröffnung und dem überproportional langen Profil werden insbesondere Erinnerungen an den E-Type wach. Das Konzeptfahrzeug wird auf der Motorshow in Birmingham enthüllt – und die Begeisterung ist so groß, dass der XJ220 auf die Tagesordnung gesetzt wird.

Schließlich wird von der Ford-Geschäftsleitung, die zu dieser Zeit bei Jaguar das Sagen hat, eine Machbarkeitsstudie genehmigt. Die technischen Daten des Prototyps sind beeindruckend: Ein 6,2-Liter-V12 soll alle vier Räder antreiben und den Wagen auf 220 Meilen pro Stunde (354 km/h) beschleunigen – daher auch die Bezeichnung. Zahlreiche potenzielle Käufer sind begeistert und leisten eine Anzahlung von 50.000 Pfund.

Sie müssen viel Geduld aufbringen, bis sie ihren Traumwagen streicheln können – und viel Entsagung, um die Transformation ihres Traums zu akzeptieren. Die Ausarbeitung dauert ewig und ist mühsam. Und je mehr Zeit vergeht, desto mehr wird von der ursprünglichen Idee infrage gestellt. Schließlich überdenkt man bei Jaguar das Projekt und erstellte für die Vermarktung des XJ220 eine neue Aufgabenbeschreibung.

Die rasante Linie des XJ220 ist ganz im Sinne der ikonischen Modelle der Marke

- **Motor:**
  V12-Mittelmotor mit 60° Zylinderwinkel (DOHC, 4 Ventile), Hubraum: 6222 cm^3, Bohrung x Hub: 94 x 64 mm, Leistung: 500 PS bei 7000/min
- **Länge/Breite/Höhe:**
  514 x 200 x 110 cm
- **Radstand/Spurbreite:**
  284 x 165 x 165 cm
- **Gewicht:**
  1560 kg
- **Fahrleistung:**
  354 km/h
- **Produktion:**
  1 Exemplar (1988)

Der Prototyp des XJ220 hat nur wenig mit der Serienversion von 1991 gemein.

EVOLUTION

JAGUAR XJ220

Tokio, Oktober 1991

Die endgültige Version des XJ220 wird drei Jahre nach dem Prototyp im Rahmen der Tokyo Motor Show vorgestellt. Um eine Kleinserie produzieren zu können, müssen viele Dinge geändert werden. Leider schwächen die Kompromisse die Wirkung des ursprünglichen Projekts – und die Kauflust der Kunden. So wird das imposante V12-Triebwerk gegen einen weniger edlen V6-Turbomotor mit weniger Hubraum getauscht. Auch der Allradantrieb verschwindet und die Abmessungen werden verändert. Immerhin kann der Wagen fast das versprochene Tempo von 220 mph erreichen. Diese Maßnahmen werden nicht nur aus Gründen der Kostenersparnis ergriffen, sondern auch aus funktionaler Notwendigkeit. Der Prototyp von 1988 war zwar spektakulär, aber auch schwer und unhandlich. Um dem XJ220 eine sportliche Karriere zu ermöglichen, muss er wendiger, agiler, spritziger und kompakter werden.

Auf der Schnittzeichnung des Prototyps ist der V12-Mittelmotor gut zu erkennen – auf dem Foto unten der eher profane V6-Motor des Serien-XJ220.

Um einen kommerziellen Misserfolg zu verringern, soll der XJ220 – wie viele seiner Konkurrenten – auf der Rennstrecke seine Fähigkeiten beweisen. Erschwerend kommt hinzu, dass eine inzwischen geplatzte Spekulationsblase auf dem Automarkt den emphatischen Erwartungen einen weiteren Dämpfer versetzt.

- **Motor:** V6-Mittelmotor mit 60° Zylinderwinkel (DOHC, 4 Ventile), Biturbo, Hubraum: 3498 cm³, Bohrung x Hub: 94 x 84 mm, Leistung: 542 PS bei 7200/min
- **Länge/Breite/Höhe:** 493 x 222 x 110 cm
- **Radstand/Spurbreite:** 264 x 165 x 165 cm
- **Gewicht:** 1470 kg
- **Fahrleistung:** 349 km/h, 3,6 sec von 0 – 100 km/h
- **Produktion:** 282 Exemplare (1992 – 1994)

Die Produktion des XJ220 wird an TWR (Tom Walkinshaw Racing) übergeben. Walkinshaw, der viele an Spencer Tracy erinnerte, vermittelte stets den Eindruck von Kraft und Gelassenheit. Der 1946 auf einem schottischen Bauernhof geborene ehemalige Rennfahrer hat sich seinen rauen und willensstarken Charakter bewahrt und Qualitäten als Tüftler entwickelt. Seine kleine Werkstatt für Hobbyrennfahrer gründet er 1976 in Kidlington bei Oxford. Nach und nach kommen sich Jaguar und TWR näher und schließlich schließen sich beide Unternehmen zusammen, um JaguarSport zu gründen. Und diese Firma wird mit der Produktion des XJ220 beauftragt.

McLaren

Der McLaren F1 sieht auch ohne viele aerodynamische Hilfsmittel sehr schnell aus.

DIE 1990ER-JAHRE

Die Zeit des kulturellen Erbes

Finanzkrise, schwächelndes Wachstum, Börsencrash, Insolvenzen, Geldabwertung – alles nicht zu ändern. Trotz aller Widrigkeiten werden Sammler-Automobile zu einer immer besseren Geldanlage, die sicher ist, nicht einbricht und nicht enttäuscht. Neu: Moderne Supersportwagen gesellen sich zu Oldtimern.

Wie auf dem Kunstmarkt brechen die Preise auch auf dem Markt für historische Autos alle Rekorde. Meisterwerke des Karosseriebaus und des Rennsports ziehen immer mehr Sammler an. Doch in den 1990er-Jahren entwickelt sich ein neues Phänomen: Supersportwagen werden als Sammlerobjekte erkannt. Viele Sammler investieren nun in den Kauf und Erhalt von Supersportwagen, die sich in die Reihe der historischen Modelle einreihen, welche in den meisten Museen und Privatbesitzern zu finden sind.

Die Definition eines Oldtimers selbst ist unklar, subjektiv und fragwürdig. Es reicht nicht, dass ein Auto »alt« ist, um es sich zu verdienen, im Museum aufbewahrt zu werden. Automobile können auf vielfältige Weise zu Anerkennung und Ruhm gelangen: durch sportliche oder kommerzielle Erfolge, durch avantgardistische Ideen oder durch die soziale oder historische Rolle, die sie spielen. Dabei kann es sich um prestigeträchtige Klassiker oder auch populäre Modelle, um erfolgreiche Rennfahrzeuge oder um Designstudien handeln. Sie alle können das Schicksal eines Liebhabers kreuzen. In den Augen vieler Menschen ist ein beliebtes und millionenfach produziertes Auto genauso legitim wie ein einzigartiges und elitäres Fahrzeug. Vom Trabant als Symbol für den Fall der Berliner Mauer bis hin zu einem Rennwagen, der bei den 24 Stunden von Le Mans siegreich war, von einem La-Marne-Taxi bis hin zum super-futuristischen Concept-Car – jede Art von Vielfalt hat ihre Anhänger.

Ein starker Trend zeichnet sich ab, wenn man sich die Zunahme von Sportveranstaltungen, die Gegenstand von Retrospektiven sind, wie z. B. die wiederauferstandene Mille Miglia, das Festival of Speed in Goodwood oder die Le Mans Classic ansieht. Der Markt verlangt für die Teilnahme an diesen Veranstaltungen nach »infrage kommenden« Modellen.

Eine weitere bemerkenswerte Entwicklung ist der Einzug von Supersportwagen in Auktionskataloge von Versteigerungen. Kaum aus der Fabrik gerollt und auf die Straße gebracht, erhalten diese seltenen Autos den Status eines Sammlerstücks. Sie sind praktisch neu und haben nur wenige Kilometer auf dem Tacho. Ein makelloser Ferrari F40, für 1,4 Millionen Franc (440.000 DM) von seinem Erstbesitzer übernommen, erzielte einige Wochen später bei einer Auktion mehr als den fünffachen Preis! Die Spekulation ist auf dem Höhepunkt. Die Aussicht auf schnelles Geld zieht neue Käufer und Spekulanten an – die niemals davon ausgehen, dass sich das Blatt wenden könnte. Viele werden ihre Einsätze später bereuen. Im Laufe des Jahrzehnts wird der Markt für Supersportwagen den unvorhersehbaren Schwankungen der Weltwirtschaft ausgesetzt sein.

Im Januar 1991 führten die USA zusammen mit einer Koalition aus über zwanzig verbündeten Armeen die Operation »Desert Storm« durch, eine Offensive gegen den Irak, der fünf Monate zuvor in Kuwait einmarschiert war. Dieser Zweite Golfkrieg führt zu einem Anstieg der Ölpreise und löst eine Rezession der US-Wirtschaft aus.

Hersteller, die auf den unaufhaltsamen Erfolg der Supersportwagen gesetzt hatten, müssen sich den Tatsachen stellen: Viele von ihnen haben Schwierigkeiten, die von ihnen geplanten Stückzahlen abzusetzen. Prognosen müssen nach unten korrigiert werden. Einige Hersteller werden sich nicht davon erholen. Andere müssen ihre Supersportwagen zu Rennwagen umbauen, wobei die Sportgremien mit Wohlwollen maßgeschneiderte Regeln aufstellen, um diese modernen GT-Sportwagen aufzuwerten. Andererseits müssen viele Projekte, die sich als fantastisch und unbegründet erwiesen haben, zurückgestellt werden.

Es ist beruhigend, dass es auch im Land der Opportunisten eine gewisse Gerechtigkeit gibt.

JAGUAR XJR-15

Bloxham, November 1990

Der Jaguar XJR-15 wurde weder für die Straße noch für den Rennsport entworfen.

Einige Jahre nach der enttäuschenden Erfahrung mit dem XJ220 wagt Jaguar einen neuen Vorstoß in den Markt der Ausnahme-Automobile. Diesmal handelt es sich nicht um ein für den Verkauf bestimmtes und zulassungsfähiges Gran-Turismo-Modell, sondern um ein reines Rennfahrzeug – das allerdings in keiner Rennklasse angemeldet werden kann. Tatsächlich erkundet Jaguar eine neue Marktlücke, die sich als erfolgreich herausstellen sollte: Spielzeuge für den Einsatz auf privaten Pisten. Technisch stammt der XJR-15 von den XJR-9-Prototypen der Gruppe C ab, mit denen Johnny Dumfries, Jan Lammers und Andy Wallace 1988 das 24-Stunden-Rennen von Le Mans gewonnen hatten. Entwicklung und Produktion des XJR-15 werden erneut dem von Jaguar und TWR gegründeten Joint-Venture JaguarSport in Bloxham übertragen. Das Styling stammt vom Haus-Designer Peter Stevens, der später mit dem McLaren F1 einer breiten Öffentlichkeit bekannt werden soll.

Zunächst werden 30 Exemplare gebaut, auf Wunsch besonderer Kunden entstehen 20 weitere Exemplare mit Straßenzulassung. Der Preis beträgt eine halbe Million Pfund.

- **Motor:**
V12-Mittelmotor mit 60° Zylinderwinkel (DOHC, 4 Ventile), Hubraum: 5993 cm³, Bohrung x Hub: 90 x 78,5 mm, Leistung: 456 PS bei 6250/min
- **Länge/Breite/Höhe:**
478,8 x 190 x 110 cm
- **Radstand/Spurbreite:**
278 x 150 x 150 cm
- **Gewicht:**
1050 kg
- **Fahrleistung:**
307 km/h, 3,9 sec von 0 – 100 km/h
- **Produktion:**
50 Exemplare (1991)

MCA CENTENAIRE

Monaco, Mai 1990

Die Firma MCA (Monte Carlo Automobiles) wurde vom italienischen Rennfahrer Fulvio Maria Ballabio gegründet. Am Rande des Großen Preises von Monaco 1990 wird in Anwesenheit von Prinzessin Stephanie anlässlich des 100-jährigen Bestehens des Automobilclubs des Fürstentums der Centenaire als 1:1-Modell vorgestellt. Ein Jahr später rollt der erste leuchtend rot lackierte Prototyp auf die Bühne. Für die Entwicklung hatte MCA die Unterstützung einflussreicher Persönlichkeiten wie den technischen Direktor von Lamborghini, Gianfranco Venturelli, gewinnen können, der sich bereit erklärte, der jungen monegassischen Marke einen 455 PS starken Fünfliter-V12 aus Sant'Agata Bolognese zu spendieren. Guglielmo Bellasi, der 1970 einen Monoposto für die Formel 1 gebaut hatte, ist bei der Gestaltung der Kohlefaser-Struktur behilflich.

Ein zweites – diesmal weiß lackiertes – Auto entsteht Juli 1991. Das dritte »endgültige« Modell wird im Januar 1992 auf der Auto Show in Los Angeles enthüllt. Es wird in GTB umbenannt und verfügt über einen völlig neuen Motor, der eigens von keinem anderen als Carlo Chiti, früher technischer Direktor bei Ferrari, ATS sowie Autodelta und jetzt bei seiner eigenen Firma Motori Moderni tätig, entwickelt wurde. Trotz dieser verlockenden Ankündigung kann sich MCA nicht etablieren.

- **Motor:** V12-Mittelmotor mit 60° Zylinderwinkel (DOHC, 4 Ventile), Biturbo, Hubraum: 6998 cm³, Bohrung x Hub: 86 x 57 mm, Leistung: 720 PS bei 9000/min
- **Länge/Breite/Höhe:** 402,5 x 202 x 112 cm
- **Radstand:** 252 cm
- **Gewicht:** 1080 kg
- **Fahrleistung:** 320 km/h
- **Produktion:** 4 bis 6 Exemplare (1990 – 1991)

Der leidenschaftliche monegassische Traum von einem eigenen Supersportwagen.

EVOLUTION

MEGA MONTE-CARLO

Genf, März 1995

Der französische Leichtfahrzeughersteller Aixam-Mega sucht das Abenteuer in der Welt der Supersportwagen und nimmt das von MCA ins Leben gerufene Projekt wieder auf. Unter der technischen Leitung von Philippe Colançon wird der MCA GTB modifiziert und es entsteht der Méga Monte Carlo, der 1995 auf dem Genfer Automobilsalon vorgestellt wird. Das Designbüro Sera-CD hatte erfolgreich heilsame Nachbesserungen vorgenommen. Trotz offensichtlicher Verbesserungen wird auch dieses gut ausgearbeitete Projekt nicht in Serie gehen.

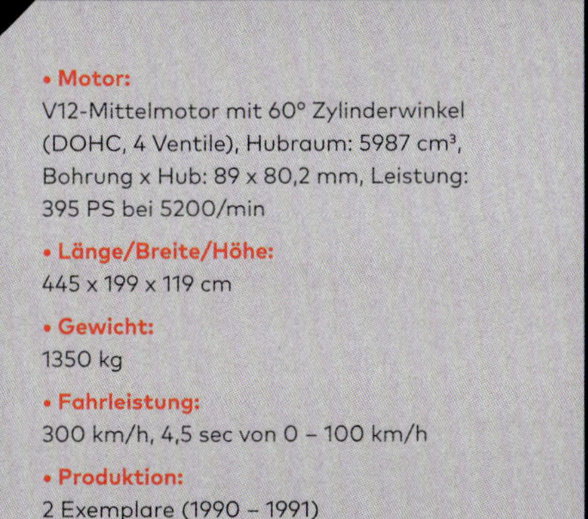

- **Motor:** V12-Mittelmotor mit 60° Zylinderwinkel (DOHC, 4 Ventile), Hubraum: 5987 cm³, Bohrung x Hub: 89 x 80,2 mm, Leistung: 395 PS bei 5200/min
- **Länge/Breite/Höhe:** 445 x 199 x 119 cm
- **Gewicht:** 1350 kg
- **Fahrleistung:** 300 km/h, 4,5 sec von 0 – 100 km/h
- **Produktion:** 2 Exemplare (1990 – 1991)

Der Méga Monte Carlo ist eine deutlich weiterentwickelte Version des MCA Centenaire.

BUGATTI EB 110 (GT)

Paris, September 1991

Der Name Bugatti gehörte lange Zeit zu den prestigeträchtigsten der Automobilgeschichte, doch irgendwann drohte er, in Vergessenheit zu geraten. Dies wollte der französische Investor Jean-Marc Borel nicht akzeptieren und setzte sich dafür ein, die Marke wiederzubeleben und mit außergewöhnlichen Autos im neuen Glanz erstrahlen zu lassen.

Die Geschichte von Bugatti ist turbulent. Der in Mailand geborene Ettore Bugatti gründete am 1. Januar 1910 im elsässischen Molsheim – damals noch zum Deutschen Kaiserreich gehörend – eine Automobilfabrik. In den 1920er und 1930er Jahren produzierte die Firma Luxus-, Sport- und Rennwagen, die sich sowohl durch ihre ästhetischen Eigenarten als auch durch ihre technischen Raffinessen auszeichneten. Der Unfalltod von Ettores 30-jährigem Sohn Jean bei einer Testfahrt im Jahr 1939 läutete das Ende des Unternehmens ein. Ettore Bugatti starb 1947 und fünf Jahre später lief die Fahrzeugproduktion aus. Der letzte Auftritt eines Bugatti-Rennwagens beim Grand Prix de l'ACF im Jahr 1956 soll erbärmlich gewesen sein. Die Firma Bugatti wurde 1963 vom Flugzeugkomponenten-Zulieferer Hispano-Suiza übernommen, der wiederum fünf Jahre später im Flugmotor-Konzern Snecma aufging und seit 2005 Safran heißt.

Jean-Marc Borel muss lange mit Snecma verhandeln, um die Markenrechte für Bugatti zu erwerben. Im Oktober 1987 gelingt ihm die Gründung der Holdinggesellschaft Bugatti International SA, in der zwei Unternehmen zusammengefasst werden: Bugatti Automobili S.p.A. und Ettore Bugatti srl. Unter der Leitung von Romano Artioli beginnt die Entwicklung eines außergewöhnlichen Automobils – des EB 110 –, der am 14. September 1991 unter der Schirmherrschaft von Schauspieler Alain Delon im Pariser Stadtteil La Défense vorgestellt wird. Das ursprünglich von Marcello Gandini (1938 – 2024) entworfene Styling wird von Giampaolo Benedini fertiggestellt, der auch für die Architektur

der Bugatti-Fabrik in Campogalliano in der Emilia-Romagna verantwortlich ist. Die Technik des EB 110 wird unter der Leitung des Ingenieurs Paolo Stanzani entwickelt, der von 1963 bis 1975 bei Lamborghini unter anderem für den Countach tätig gewesen war.

Das Styling des Bugatti EB 110 ist das Werk eines Architekten.

Der originelle und anspruchsvolle Bugatti EB 110 hat eine aus Kohlefaser geformte Karosserie und verfügt über einen Allradantrieb. An der italienischen Renaissance von Bugatti sind französische Firmen maßgeblich beteiligt, darunter Aérospatiale, Composite Aquitaine, Messier-Bugatti und Michelin.

- **Motor:**
  V12-Mittelmotor mit 60° Zylinderwinkel (DOHC, 5 Ventile), 4 Turbolader, Hubraum: 3500 cm³, Bohrung x Hub: 81 x 56,6 mm, Leistung: 560 PS bei 8000/min
- **Länge/Breite/Höhe:**
  440 x 196 x 111,4 cm
- **Radstand/Spurbreite:**
  255 x 155 x 161,8 cm
- **Gewicht:**
  1620 kg
- **Fahrleistung:**
  342 km/h, 3,5 sec von 0 – 100 km/h
- **Produktion:**
  95 Exemplare (1991 – 1995)

VARIANTE

BUGATTI EB 110 SS

Genf, März 1992

Mit der Enthüllung der Version EB 110 SS (Super Sport) deutet Bugatti Automobili an, in den Rennsport zukehren zu wollen, um von der angekündigten Gran-Turismo-WM zu profitieren. Also bereitet man eine leichtere und stärkere Version vor und nennt das »Serienfahrzeug« ab jetzt GT. Durch die Verwendung von Verbundwerkstoffen für die Hauben, Sitze, Spoiler und Seiten- sowie Heckfenster können 200 kg eingespart werden. Des Weiteren werden auf die Klimaanlage und elektrische Fensterheber verzichtet. Zur Verbesserung der Aerodynamik müssen an der Karosserie verschiedene Änderungen vorgenommen werden. Die Lippe des Frontspoilers ist länger und zur besseren Kühlung werden mehr Öffnungen geschaffen.

Auch der EB 110 SS kann das Unternehmen nicht retten. Abgesehen von der Einzelinitiative des Pressechefs Michel Hommell bei den 24 Stunden von Le Mans 1994 bleiben dem Bugatti andere Rennstrecken verwehrt. Am 23. September 1995 wird das Unternehmen Bugatti Automobili S.p.A. unter Insolvenzverwaltung gestellt. Die Produktion wird beendet und die hochmoderne Fabrik geschlossen, um viele Jahre ein trauriges Bild abzuliefern.

Der EB 110 lebt jedoch weiter. Jean-Marc Borel gründet die Firma B.Engineering, um den Edonis zu produzieren. Jochen Dauer aus Nürnberg sammelt Komponenten, die in der Fabrik in Campogalliano »zurückgelassen« wurden, um zwischen 2002 und 2005 sechs Fahrzeuge zusammenzubauen, die er aus Namensrecht-Gründen nicht mehr Bugatti nennen darf.

Der Bugatti EB 110 SS unterscheidet sich äußerlich durch andere Räder und aerodynamische Details vom GT.
–
Das recht spartanisch geratene Cockpit des Bugatti EB 110 SS.

- **Motor:**
  V12-Mittelmotor mit 60° Zylinderwinkel (DOHC, 5 Ventile), 4 Turbolader, Hubraum: 3500 cm³, Bohrung x Hub: 81 x 56,6 mm, Leistung: 611 PS bei 8250/min
- **Länge/Breite/Höhe:**
  440 x 196 x 110,9 cm
- **Radstand/Spurbreite:**
  255 x 155 x 161,8 cm
- **Gewicht:**
  1418 kg
- **Fahrleistung:**
  351 km/h, 3,3 sec von 0 – 100 km/h
- **Produktion:**
  30 Exemplare (1992 – 1995)

YAMAHA OX99-11

Worthing, Dezember 1991

Das mit dem Stimmgabel-Logo in der Welt der Musikinstrumente und Motorräder bekannte japanische Unternehmen Yamaha betätigt sich auch als Motorenentwickler für die Automobilindustrie. Um den Hype um die Supersportwagen zu nutzen, gibt man beim britischen Studio IAD (International Automotive Design) eine Sportwagen-Studie in Auftrag, die als Besonderheit zwei mittig hintereinander angeordnete Sitze aufweist. Der Designer Takuya Yura entwickelt eine einzigartige Frontpartie, die von einem Flügel durchzogen wird, um den Luftstrom zu kanalisieren. Der Yamaha OX99-11 wird vom gleichen Motor angetrieben wie der Jordan F1 von 1992.

Es fehlt an ernsthaften Strukturen, aber auch weil Japan von einer schweren Finanzkrise betroffen ist und keine Mittel bereitstehen, wird das interessante Projekt nicht realisiert, sondern bleibt als attraktiver Bluff in Erinnerung.

Die seit 1968 in Großbritannien ansässige Firma IAD, die auch durch andere kreative Konzeptfahrzeuge auf sich aufmerksam gemacht hatte (Alien 1986, Venus 1989), wird später vom Daewoo-Konzern aus Korea übernommen.

- **Motor:**
  V12-Mittelmotor mit 70° Zylinderwinkel (DOHC, 5 Ventile), Hubraum: 3498 cm³, Leistung: 400 PS bei 10.000/min
- **Länge/Breite/Höhe:**
  440 x 299,6 x 122 cm
- **Radstand/Spurbreite:**
  265 x 161,5 x 163,3 cm
- **Gewicht:**
  1150 kg
- **Fahrleistung:**
  352 km/h, 3,1 sec von 0 – 100 km/h
- **Produktion:**
  3 Exemplare (1991 – 1992)

Der extrem drehzahlfeste Fünfventil-V12 von Yamaha kommt auch in der Formel 1 zum Einsatz.

Das Designstudio IAD hat sich für den Yamaha OX 99-11 einige kreative Ideen ausgedacht.

MEGA TRACK

Paris, Oktober 1992

Die Metamorphose der Firma Aixam aus Aix-les-Bains am Rand der Alpen versprach, radikal zu werden. Aixam baute seit 1983 führerscheinfreie Leichtfahrzeuge. Vier Jahre später hatte man in Frankreich in diesem Fahrzeugsegment einen Marktanteil von über 30 Prozent. Durch den Erfolg ermutigt entschied sich der Besitzer Georges Blain, die Firmenaktivitäten zu diversifizieren: zum einen durch Freizeitautos im Stil des Citroën Méhari und zum anderen durch die Erschaffung eines Sportwagen-Monsters mit gewaltigen Abmessungen.

Der auf dem Pariser Autosalon 1992 vorgestellte Mega Track ist von den Offroad-Prototypen der Rallye Paris-Dakar inspiriert: ein höhenverstellbares Fahrwerk und Allradantrieb. Michelin entwickelt spezielle Reifen und Mercedes-Benz liefert den Motor sowie wertvolle Referenzen. Die Feinabstimmung wird unter anderem von den beiden Rallyefahrern Bernard Darniche und Dany Snobeck vorgenommen. Der für das Projekt verantwortliche Ingenieur Philippe Colançon war Absolvent der École Polytechnique der Universität Orléans, während Sylvain Crosnier von Sera-CD für das von straffen Linien und eckigen Formen geprägte Styling verantwortlich ist. Doch all dies reicht nicht: Der bei einer für völlig andere Fahrzeuge bekannten Marke von Hand gebaute Mega Track erregt kaum Interesse – trotz seines Konzepts, das wie maßgeschneidert für Wüstenrallyes erscheint.

- **Motor:**
  V12-Mittelmotor mit 60° Zylinderwinkel (DOHC, 4 Ventile), Hubraum: 5987 cm³, Bohrung x Hub: 89 x 80,2 mm, Leistung: 395 PS bei 5200/min
- **Länge/Breite/Höhe:**
  508 x 225 x 140 cm
- **Radstand/Spurbreite:**
  311,5 x 181,5 x 187 cm
- **Gewicht:**
  2280 kg
- **Fahrleistung:**
  250 km/h, 5,4 sc von 0 – 100 km/h
- **Produktion:**
  5 Exemplare (1992 – 2000)

Der Mega Track ist ein massives Sportcoupé, das auch im Gelände einsetzbar sein sollte.

VECTOR AVTECH WX-3

Genf, März 1992

Der Vector Avtech WX-3 wirkt noch aggressiver als der W8.

Trotz der Schwierigkeiten und Verzögerungen, die das von Gerald Wiegert geleitete Unternehmen Vehicle Design Force mit dem Vector W8 hat, wird ein neues, noch extremeres Modell entwickelt. Für die Fahrgastzelle werden vorwiegend Kohlefaser, Kevlar und andere Verbundwerkstoffe verwendet. Der vom IMSA-Ausstatter Rodeck entwickelte Motor auf Chevrolet-Basis sowie das Styling sind noch radikaler als beim W8.

Drei Varianten sind geplant; beim stärksten Motor mit 7-Liter-DOHC-V8 und Biturbo sollten bis zu 1200 PS freigesetzt werden. Eine Dreigang-Automatik von Oldsmobile hilft, die Kraft auf die Hinterräder zu übertragen.

Doch Vector kann weder seine alten Dämonen noch seine finanzielle Instabilität abschütteln. 1993 wird an das auf den Bermudas ansässige Unternehmen Megatech verkauft. Bekannt wurde die vom Sohn des indonesischen Langzeit-Präsidenten Suharto geleitete Firma durch den Kauf des Markennamens Lamborghini (für 40 Mio. $) im Jahr 1994 und den Weiterverkauf nach vier Jahren an Audi (für 120 Mio. $). Megatech versucht, den Vector Avtech WX-3 auf Basis des Diabolos zu bauen, doch auch diese »Serie« endet nach 14 Fahrzeugen.

- **Motor:**
  V8-Mittelmotor mit 90° Zylinderwinkel (DOHC, 4 Ventile), Biturbo, Hubraum: 7000 cm³, Leistung: 1000 PS bei 5800/min
- **Länge/Breite/Höhe:**
  467 x 203 x 108 cm
- **Radstand:**
  261,6 cm
- **Gewicht:**
  1620 kg
- **Fahrleistung:**
  402 km/h, 3,3 sec von 0 – 100 km/h
- **Produktion:**
  1 Exemplar (1992)

VARIANTE

VECTOR WX-3R

Genf, März 1993

Neben dem Coupé ist auch ein offener Roadster in Planung; beide Varianten werden 1993 auf dem Genfer Salon gezeigt, doch eine Serienproduktion kommt wieder nicht in Gang.

Die Roadster-Variante sollte folgerichtig WX-3R heißen.

McLAREN F1

Monaco, Mai 1992

Nach fünf Konstrukteurs-Weltmeisterschaften in der Formel 1 (1974, 1984, 1985, 1988 und 1989) gründete die britische Rennwagenschmiede 1989 das Unternehmen McLaren Automotive Ltd., um einen fantastischen Sportwagen zu vermarkten. Im Mai 1992 wird der erste McLaren F1 (Chassis XP1) vorgestellt, ein Jahr später folgt der erste einsatzbereite F1 (XP2). Die Entwicklung des F1 wird vom brillanten Ingenieur Gordon Murrey geleitet, der als technischer Direktor bereits zwei Formel-1-Rennställe geführt hatte (Brabham von 1973 bis 1986 und McLaren von 1987 bis 1989). Seine Anforderungen an den F1 betreffen in erster Linie die Ergonomie, die Sichtbarkeit, die Aerodynamik und die Kompaktheit. So zeichnet sich das Cockpit durch zahlreiche Besonderheiten aus. Der Fahrersitz befindet sich in der Mitte und wird von zwei Sitzen für die Passagiere flankiert. Murrey gelingt es, ein Auto zu konstruieren, das leichter ist als alle Konkurrenten, zudem ist es trotz seines langen Radstands überraschend kompakt geraten. Für den Motor holt Gordon Murray seinen alten Freund Paul Rosche von BMW, mit dem er zu Zeiten der Brabhams in der Formel 1 zusammengearbeitet hatte. Die Aerodynamik ist so gestaltet,

- **Motor:**
  V12-Mittelmotor mit 60° Zylinderwinkel (DOHC, 4 Ventile), Hubraum: 6064 cm³, Bohrung x Hub: 86 x 87 mm, Leistung: 627 PS bei 7400/min
- **Länge/Breite/Höhe:**
  428,8 x 182 x 114 cm
- **Radstand/Spurbreite:**
  271,8 x 156,8 x 147,2 cm
- **Gewicht:**
  1080 kg
- **Fahrleistung:**
  370 km/h, 3,4 sec von 0 – 100 km/h
- **Produktion:**
  106 Exemplare, darunter 69 »normale« F1, 19 F1 GTR Rennversionen kurz, 9 F1 GTR »Longtail«, 6 F1 LM Straßenversionen und 3 F1 GT Straßenversionen (1993 – 1997)

dass alle Elemente in das Gesamtpaket integriert sind. Besondere Sorgfalt wird dabei auf interne Luftströmungen und eine gute Bremsen-Belüftung gelegt. Zwei Ventilatoren können unter dem Fahrzeug einen Unterdruck erzeugen, um den Abtrieb weiter zu verbessern. Auch strukturell profitiert der F1 von neuesten Technologien, so ist die Fahrgastzelle im Monocoque-Design aus Verbundstoffen gefertigt.

Der Designer Peter Stevens, der zuvor für Lotus und TWR arbeitete und später für den Nissan R390 verantwortlich zeichnete, gibt seiner Kreation eine harmonische Form und verbindet mit viel Geschmack Brillanz und technische Raffinesse. Das Cockpit ist nicht besonders luxuriös, aber die Ergonomie ist ausgezeichnet. Wenn ein Kunde sein Fahrzeug abholt, wird der Wagen mit optimalen Sitzen und Pedalen ausgerüstet. Neben rein funktionalen Elementen verfügt der McLaren sogar über eine Klimaanlage und elektrische Fensterheber. Der Innenraum ist mit Carbon-Optik und Alcantara-Bezügen ausgestattet. Auch ein Audiosystem mit insgesamt zwölf Lautsprechern darf nicht fehlen – Gordon Murray ist schließlich auch Musiker.

Peter Stevens ist der verantwortliche Designer für den McLaren F1.

Vom McLaren F1 gibt es auch Rennwagen-Ableger. Der F1 GTR debütiert 1995 und liefert unter den Piloten Yannick Dalmas, Masanori Sekiya und JJ Lehto beim 24-Stunden-Rennen von Le Mans umgehend einen Sieg ab. Im Grunde ist beim F1 GTR lediglich ein Heckspoiler aufgesetzt worden. Für seine dritte Rennsaison wird das Heck des F1 GTR verlängert, damit er in der Höchstgeschwindigkeit mit dem neuen Porsche 911 GTR mithalten kann – eine Maßnahme, die Gordon Murray gern vermieden hätte.

VARIANTE

McLAREN F1 LM

Woking, Dezember 1995

Zur Feier des Sieges in Le Mans 1995 baut McLaren sechs Exemplare einer speziellen F1-LM-Version, die den 69 Standardmodellen zur Seite gestellt werden. Mit der gleichen Technik wie der F1 wird der LM um 60 kg erleichtert und mit einem Heckspoiler ausgerüstet. Vier dieser Fahrzeuge werden in »Papaya-Orange« des McLaren-Rennteams lackiert, die zwei anderen für den Sultan von Brunei sind schwarz gehalten.

VARIANTE

McLAREN F1 GT

Hockenheim, April 1997

In der Saison 1997 der FIA-GT-Weltmeisterschaft setzt McLaren eine verlängerte Version des F1 GTR ein, um dem Wagen eine bessere Stabilität bei Höchstgeschwindigkeit zu geben. Für die Homologation muss auch eine entsprechende Straßenversion mit verlängertem Heck auf den Markt gebracht werden. Dieser F1 GT ist die seltenste Version des McLaren F1.

Die Motorabdeckung aus Carbon ist mit Gold beschichtet, das die Wärme des BMW-V12-Motors reflektiert.

DIE SELTENSTEN

DIE 1980ER-JAHRE

1. **CIZETA-MORODER V16T** (1988) 8 EINHEITEN
2. **VECTOR W8 TWIN-TURBO** (1989) 17 EINHEITEN
3. **ISDERA 108E IMPERATOR** (1984) 30 EINHEITEN

DIE 1990ER-JAHRE

1. **MERCEDES CLK-GTR ROADSTER** (1998) 6 EINHEITEN
2. EX-ÆQUO **DAUER 962 LE MANS** (1994) 13 EINHEITEN
   VENTURI 400 GT (1994) 13 EINHEITEN
3. **PORSCHE 911 GT1** (1997) 21 EINHEITEN

DIE 2000ER-JAHRE

1. **B ENGINEERING** (2000) 3 EINHEITEN
2. **KOENIGSEGG CC8S** (2000) 6 EINHEITEN
3. **KOENIGSEGG CCR** (2004) 14 EINHEITEN

DIE 2010ER-JAHRE

1. **KOENIGSEGG AGERA S** (2012) 5 EINHEITEN
2. **FERRARI SERGIO** (2014) 6 EINHEITEN
3. EX-ÆQUO **KOENIGSEGG ONE:1** (2014) 7 EINHEITEN
   SALEEN S7 LM (2016) 7 EINHEITEN

DIE 2020ER-JAHRE

1. **ZENVO TSR GT** (2022) 3 EINHEITEN
2. **PAGANI IMOLA** (2020) 5 EINHEITEN
3. **PININFARINA B35** (2023) 10 EINHEITEN

EINHEITEN

Bei der Definition von Supersportwagen gehört die limitierte Auflage zu den wichtigsten Faktoren. In fast allen Fällen wird die Anzahl der Exemplare im Voraus bekannt gegeben. Allerdings werden die Zahlen manchmal während der Produktion angepasst: bei großem Interesse können sie nach oben revidiert werden – und bei Misserfolg nach unten. Fahrzeuge, die bei Drucklegung dieses Buchs noch vermarktet werden, sind nicht berücksichtigt. Bestellungen für zukünftige Fahrzeuge werden ebenfalls nicht mitgezählt.

DAUER 962 LE MANS

Frankfurt, September 1993

Bei der Langstrecken-Weltmeisterschaft war 1982 die Gruppe C eingeführt worden, um die Gruppe 6 zu ersetzen. Porsche ging mit dem effizienten und soliden 956 in die Offensive. Als bei der WM nicht mehr die Marken, sondern die Teams Punkte sammelten, war Porsche immer noch ganz vorn mit dabei: 1985 mit dem Rothmans Porsche und ein Jahr später mit Brun Motorsport. Der 962 ist ein naher Verwandter des 956, der lediglich für die Regeln der International Motor Sports Association (IMSA) in den USA angepasst wurde. Durch den verlängerten Radstand konnte die Pedalerie hinter die Vorderachse versetzt und so die Sicherheit der Fahrer zu verbessert werden. Außerdem ersetzte ein einzelner Turbolader die zuvor verwendete Biturbo-Anlage.

Der Porsche 962 erzielte 1985 sechs Siege (Mugello, Monza, Silverstone, Hockenheim, Mosport und Brands Hatch), 1986 waren es vier (Monza, Le Mans, Jerez und Spa), 1987 zwei (Le Mans und Norisring) im Jahr 1989 nur noch einer in Dijon. Dann wurde sie eingemottet – bis zu einem unerwarteten Comeback im Jahr 1993 in Form einer Version mit dem Namen »962 LM«!

Beim 24-Stunden-Rennen von Le Mans 1994 sind Prototypen der Gruppe C nicht mehr zugelassen, aber dem ehemaligen Rennfahrer Jochen Dauer gelingt es, seine beiden Porsche in der Gruppe A zu platzieren, weil er zuvor eine einzige zulassungsfähige Straßenversion realisiert hat. Dieser Zaubertrick wird vom Erfolg gekrönt: Die Dauer Porsche 962 LM belegen den ersten und den dritten Platz. Der Sieg geht an das Team aus Yannick Dalmas, Hurley Haywood und Mauro Baldi. Nach seinem Erfolg in Le Mans mit den fungierten GT-Modellen beginnt Dauer zur Überraschung aller damit, zwölf weitere Exemplare mit Straßenzulassung zu bauen – etwa jedes Jahr entsteht ein Fahrzeug.

- **Motor:** Sechszylinder-Boxer-Mittelmotor (DOHC, 4 Ventile), Biturbo, Hubraum: 2994 cm³, Bohrung x Hub: 95 x 70,4 mm, Leistung: 730 PS bei 7600/min
- **Länge/Breite/Höhe:** 480 x 200 x 108 cm
- **Radstand/Spurbreite:** 265 x 163,4 x 154,8 cm
- **Gewicht:** 1080 kg
- **Fahrleistung:** 402 km/h, 2,6 sec von 0 – 100 km/h
- **Produktion:** 13 Exemplare (1993 – 2002)

Der Dauer 962 LM ist die Straßenversion eines reinrassigen Rennwagens.

VENTURI 400 GT

Couëron, Juni 1994

Der tatsächlich für den Rennsport auf höchstem Niveau aufgerüstete Venturi 400 GT konnte bei der Gentlemen Drivers Trophy eingesetzt werden.

Das Abenteuer beginnt im Oktober 1983 auf dem Pariser Salon, wo zwei Enthusiasten ein Fahrzeug mit dem Namen Venturi ausstellen, dessen Name zu Ehren des italienischen Physikers Giovanni Battista Venturi gewählt worden war, der sich Ende des 18. Jahrhunderts mit der Dynamik von Flüssigkeiten beschäftigt hatte. Die beiden sind der Designer Gérard Godfroy und der Ingenieur Claude Poiraud. Ihr Projekt begeistert den Finanzier Hervé Boulan und im Mai 1985 wird in Cholet die Manufacture de Voitures de Sport (MVS) gegründet. Im Mai 1986 wird der Venturi enthüllt und ein Jahr darauf mit einem V6-Mittelmotor von PRV (Peugeot/Renault/Volvo) in Kleinserie gebaut. Im Juni 1989 übernimmt die Primwest-Gruppe das Geschäft und verlegt die Produktion nach Couëron bei Nantes. Trotz anerkannter Qualität hat Venturi große Probleme, die Jahre der wirtschaftlichen Rezession zu überstehen. Erst die Hinwendung zu mehr Sportlichkeit sorgt für höhere Nachfrage. Der Venturi Trophy wird im Februar 1992 präsentiert und vier Jahre lang mit ca. 73 Exemplaren bei der Gentlemen Drivers Trophy eingesetzt. Im Juni 1994 lüftet der neue Markenchef Hubert O'Neill den Schleier vom 400 GT, einer Straßenversion des Trophy. Diese unterscheidet sich vom Rennwagen durch mehr Bodenfreiheit, Klappscheinwerfer, der vom Stoßfänger abgetrennten Motorhaube und eine schillerndere Innenraumgestaltung. Eine Klimaanlage, elektrische Fensterheber und Außenspiegel sorgen für etwas Komfort. Die von Gérard Godfroy dem Trophy mitgegebene Silhouette wird weitgehend beim 400 GT übernommen. Eine technische Besonderheit stellen die Carbonbremsen (Bremsscheiben und Beläge) dar, die erstmals bei einem Straßenautomobil zum Einsatz kommen. Diese von Carbone Industrie entwickelten Stopper bieten eine spürbare Gewichtsersparnis bei den ungefederten Massen.

- **Motor:**
  V6-Mittelmotor mit 90° Zylinderwinkel (OHC, 2 Ventile), Biturbo, Hubraum: 2975 cm³, Bohrung x Hub: 93 x 73 mm, Leistung: 408 PS bei 6000/min
- **Länge/Breite/Höhe:**
  414 x 199 x 117 cm
- **Radstand/Spurbreite:**
  250 x 157 x 168 cm
- **Gewicht:**
  1050 kg
- **Fahrleistung:**
  290 km/h, 4,1 sec von 0 – 100 km/h
- **Produktion:**
  13 Exemplare (1994 – 1996) (+ 10 für den Straßeneinsatz umgebaute Trophy)

Die von Gérard Godfroy dem Trophy mitgegebene Silhouette wird weitgehend beim 400 GT übernommen.

Seit Februar 1996 gerät das inzwischen in Venturi SA umbenannte Unternehmen durch mehrere Hände in Thailand, Australien und Monaco, wo seit 2002 vor allem Elektrofahrzeuge entwickelt werden.

FERRARI F50

Fiorano Modenese, September 1995

Der Erfolg des F40 ermutigt Ferrari dazu, nach dreijähriger Pause erneut ein außergewöhnliches Fahrzeug an die Spitze seiner Produktpalette zu setzen. Der F50 hat die gleichen Ziele wie sein Vorgänger: elitäre Stückzahlen und Begehrlichkeit durch Leistung. Bei der Entwicklung des F50 geht es vor allem darum, durch einen großen Technologietransfer noch näher an die Formel 1 heranzurücken, als es beim F40 der Fall gewesen war.

Für durchschnittlich begabte Fahrer besitzt der F50 ein deutlich zugänglicheres Fahrverhalten als der F40. Der Saugmotor gibt seine Leistung sanfter ab als das Turbotriebwerk des Vorgängers. Sein V12-Motor hat viele Gemeinsamkeiten mit dem Aggregat aus dem Sportwagen-Prototyp 333 SP. Für den Gaswechsel sind jeweils drei Einlass- und zwei Auslassventile verantwortlich. Das Motorgehäuse ist aus Gusseisen gefertigt, um eine höhere Steifigkeit zu gewährleisten. Das hervorragende Fahrverhalten wird durch zahlreiche Maßnahmen erreicht, bei denen auch die mit dem Motor verbundene Carbon-Fahrgastzelle Einflüsse hatte. Die Straßenlage wird durch in soliden Verankerungen gelagerte Gelenke optimiert und der Motor ist integraler

Bestandteil der Struktur, indem er die Hinterradaufhängungen trägt.

Die Karosserie besteht aus Kohlefaser und das Chassis vom Typ Cytec Aerospace wiegt nur 102 kg, weist aber trotzdem eine hohe Steifigkeit auf. Der aus Gummi gefertigte und 105 Liter fassende Tank ist in einem Sicherheitsbehälter zwischen dem Fahrer und dem Motor untergebracht, was zu relativ weit vorn positionierten Sitzplätzen führt. Die Gewichtsverteilung liegt zu 42 Prozent auf den Vorderrädern und zu 58 Prozent hinten. Der aerodynamische Abtrieb verteilt sich gut über das gesamte Fahrzeug und der cw-Wert beträgt 0,34.

Ferrari entscheidet sich diesmal dafür, ein Coupé anzubieten, das sich dank eines kleinen abnehmbaren Daches in einen Spider verwandeln kann. Das Styling des F50 wird Maurizio Corbin von Pininfarina anvertraut, erzeugt aber Kritik, es würde ihm an Charakter mangeln. Der die Gürtellinie verlängernde gewaltige Heckspoiler stellt keine wirklich neue ästhetische Lösung dar.

- **Motor:**
  V12-Mittelmotor mit 65° Zylinderwinkel (DOHC, 5 Ventile), Hubraum: 4698 cm³, Bohrung x Hub: 85 x 69 mm, Leistung: 520 PS bei 8500/min
- **Länge/Breite/Höhe:**
  448 x 198,6 x 112 cm
- **Radstand/Spurbreite:**
  258 x 162 x 160,5 cm
- **Gewicht:**
  1230 kg
- **Fahrleistung:**
  325 km/h, 3,9 sec von 0 – 100 km/h
- **Produktion:**
  349 Exemplare (1995 – 1997)

Das Design ist nicht der größte Trumpf des Ferrari F50.

Der V12 mit 60 Ventilen kann seine sportliche Abstammung nicht verleugnen.

NISSAN R390

Le Mans, Juni 1997

Bei der Einführung der neuen GT1-Klasse wurde festgelegt, dass hier startende Fahrzeuge von einem käuflichen Modell mit Straßenzulassung abzustammen hatten. Der Nissan R390 GT1 erinnert immerhin noch mit der Silhouette an ein Gran-Turismo-Coupé und spielt eine glaubwürdige Doppelrolle. (Später sollte Toyota dieses Spiel mit dem GT-One auf die Spitze treiben.)

Nissan engagiert sich also in diesem Sinn 1997 und 1998 in der FIA-GT-Meisterschaft und lässt TWR in England ein entsprechendes Modell entwickeln. Die vom Schotten Tom Walkinshaw geleitete Rennwagenschmiede hatte in der Vergangenheit viel mit Jaguar, aber auch schon mit Holden, Rover oder Subaru zusammengearbeitet. Das durchaus ansehnliche Design stammt von Peter Stevens, der bei TWR bereits am Jaguar XJR-15 und am McLaren F1 Zeichen gesetzt hatte. Unter der Haube im Heck des R390 werkelt mit dem Nissan-Triebwerk VRZ35Z natürlich ein Herz aus Yokohama. Trotz guter Voraussetzungen verzichtet Nissan auf die Vermarktung des R390. Stattdessen glänzt er auf der Rennstrecke. Das beste Ergebnis ist ein dritter Platz beim 24-Stunden-Rennen von Le Mans im Jahr 1988 mit dem Team aus Kazuyoshi Hoshino, Masahiko Kageyama und Aguri Suzuki.

Vielleicht verpasste Nissan mit dem R390 die Gelegenheit, in der Öffentlichkeit seinen sportlichen Ruf zu verbessern.

- **Motor:**
  V8-Mittelmotor mit 65° Zylinderwinkel (DOHC, 4 Ventile), Biturbo, Hubraum: 3495 cm³, Bohrung x Hub: 85 x 77 mm, Leistung: 650 PS bei 6800/min
- **Länge/Breite/Höhe:**
  472 x 200 x 114 cm
- **Radstand/Spurbreite:**
  272 x 173 x 167 cm
- **Gewicht:**
  1098 kg
- **Fahrleistung:**
  355 km/h, 3,3 sec von 0 – 100 km/h
- **Produktion:**
  1 Exemplar (1997) (+ 5 GT1-Versionen)

Unter der Führung des Vorstandsvorsitzenden Helmut Werner soll bei Mercedes-Benz ab 1993 zumindest hinsichtlich der Fahrzeugentwicklung ein verschwenderisches Jahrzehnt anbrechen, weil er der Ansicht ist, dass die Zukunft der Traditionsmarke nur in der Diversifizierung des Angebots liegen würde. Also werden drastische Maßnahmen ergriffen: In den USA wird ein Werk eröffnet, die Marken Smart und Mercedes-AMG werden gegründet, die Fusion mit Chrysler eingeleitet und die A-Klasse eingeführt. Werner glaubt auch an die Macht des Sports, um das Image seiner Marke aufzuwerten. Daher schließen sich Mercedes und McLaren 1995 zusammen, um zwanzig Jahre lang in der Formel 1 erfolgreich zu sein.

Schließlich kehrt die Firma mit dem Stern nach über 40 Jahren Unterbrechung auch zu den Langstreckenrennen zurück. Der CLKGTR dreht am 13. April 1997 seine ersten Runden auf dem Hockenheimring. Das Team Mercedes-AMG dominiert die FIA-GT-Meisterschaft (mit sechs Siegen in zehn Rennen) vor den Teams BMW Motorsport und Gulf Davidoff, die McLaren F1 GTR einsetzen. 1998 regiert Mercedes-AMG noch immer

- **Motor:**
  V12-Mittelmotor mit 60° Zylinderwinkel (DOHC, 4 Ventile), Hubraum: 6898 cm³, Bohrung x Hub: 89 x 92,4 mm, Leistung: 612 PS bei 6800/min
- **Länge/Breite/Höhe:**
  485,5 x 195 x 116,4 cm
- **Radstand/Spurbreite:**
  267 x 165,5 x 159,4 cm
- **Gewicht:**
  1545 kg
- **Fahrleistung:**
  320 km/h, 3,8 sec von 0 – 100 km/h
- **Produktion:**
  25 Exemplare (1998 – 1999) (darunter 5 Roadster)

Das umfangreiche Aerodynamik-Paket für die Rennstrecke wird bei der Straßenversion übernommen.

ungeschlagen und gewinnt allen zehn Läufe der FIA-GT-Meisterschaft. Bei den nicht zur Meisterschaft gehörenden 24 Stunden von Le Mans 1998 setzt Mercedes-AMG den CLK LM ein, eine mit einem 5,0-Liter-V8-Motor ausgestattete Weiterentwicklung des CLK GTR.

Als im folgenden Jahr die GT1-Klasse aufgelöst wird, stellt Mercedes den aus dem CLK GTR entwickelten CLR vor, der in der LMGTP-Klasse eingesetzt werden soll. Dieser erhält einen 5,7-Liter-Motor und eine weiter verbesserte Aerodynamik. Während der Testfahrten für das 24-Stunden-Rennen von Le Mans hebt am Donnerstagabend vor dem Rennen Mark Webbers Auto bei einer Geschwindigkeit von über 350 km/h plötzlich ab – der Australier schwört anschließend, nie wieder Prototypen zu fahren. Am Tag des Rennens, am Samstagabend, fliegt Peter Dumbreck mit einem anderen CLR an der gleichen Stelle von der Straße. Die Mercedes-Führung beschließt sofort, den dritten und letzten CLR, der noch im Rennen ist, zu stoppen. Die beiden beteiligten Fahrer bleiben unverletzt und setzen ihre sportlichen Karrieren fort – nicht aber der CLR.

Der CLK GTR soll schließlich auch eine zivile Rolle bekommen, indem er als extrem limitiertes Straßenfahrzeug gebaut wird. Ab Dezember 1998 werden die Wagen beim inzwischen mehrheitlich zu Mercedes gehörenden Spezialbetrieb AMG in Affalterbach gefertigt. Auf den ersten Blick ähneln die Straßen-CLK-GTR stark den Rennwagen, unterscheiden sich jedoch im besser integrierten Spoiler, durch größere Lufteinlässe und größere Radkästen. Die lediglich 87 kg wiegende aus Carbonfaser hergestellte Fahrgastzelle ist mit Front- und Seitenprotektoren ausgerüstet, die bei einem Aufprall entstehende Energie absorbieren sollen.

Der vom V12 des SL 600 abgeleitete Motor hat mehr Hubraum und dank hochwertiger Materialien ca. 30 kg Gewicht verloren. Dank einer Trockensumpfschmierung und der dadurch fehlenden Ölwanne kann das Triebwerk tiefer eingebaut werden.

Der Innenraum ist mit Leder und Kohlefaser-Dekorationen veredelt und das relativ leichte Fahrzeug entwickelt eine beeindruckende Beschleunigung, die keinen Zweifel an seinen Wurzeln aufkommen lässt.

Schlichtheit und noble Zurückhaltung sind nicht die Markenzeichen des CLK GTR.

VARIANTE

MERCEDES-BENZ CLK GTR ROADSTER

Stuttgart, Juli 1999

Bei einem Preis von rund 3 Mio. DM hat Mercedes-Benz tatsächlich einige Schwierigkeiten, die 25 »Straßenversionen« seines CLK GTR zu verkaufen. Dadurch entsteht die Idee, fünf Fahrzeuge als Roadster umzubauen. In die weit nach hinten verlängerten Kopfstützen des offenen Wagens (ein Verdeck gibt es nicht) werden Lüftungsöffnungen für den Motor integriert. Auch der Roadster zeichnet sich nicht unbedingt durch Understatement aus.

- **Motor:**
V12-Mittelmotor mit 60° Zylinderwinkel (DOHC, 4 Ventile), Hubraum: 6898 cm³, Bohrung x Hub: 89 x 92,4 mm, Leistung: 612 PS bei 6800/min
- **Länge/Breite/Höhe:**
485,5 x 195 x 116,4 cm
- **Radstand/Spurbreite:**
267 x 165,5 x 159,4 cm
- **Gewicht:**
1545 kg
- **Fahrleistung:**
320 km/h, 3,8 sec von 0 – 100 km/h
- **Produktion:**
6 Exemplare (2002)

Um den schleppenden Verkauf des CLK GTR zu stimulieren, wird ab 2002 der Roadster in Kleinstserie aufgelegt.

PORSCHE 911 GT1

Zuffenhausen, April 1997

Der 911 GT1 darf im April 1996 bei den Testfahrten zum 24-Stunden-Rennen in Le Mans seine ersten Runden drehen. Vom tatsächlichen 911 stammt allerdings nur noch – sehr vage – die Silhouette. Natürlich war es die Idee der GT1-Klasse, dass hier Tourenwagen den Anschein erweckten, sie seien Prototypen für die Serie. Für das Rennen im Juni 1996 werden von Porsche zwei Autos angemeldet. Sie belegen den zweiten und dritten Platz hinter einem überraschenden TWR WSC, den das Team Joest Racing auf einem alten Jaguar-Chassis aufgebaut hatte.

Zwischen dem ersten Rennauftritt und der »Straßenversion« vergeht ein Jahr. Bei dieser im April 1997 enthüllten Variante erinnert zumindest der Innenraum an die vertraute 911-Fahrgastzelle. Die Zugänglichkeit zu dieser wird allerdings durch die breiten Seitenschürzen, ein Versteifungsrohr und sehr tiefe Sitze erheblich erschwert. Doch einmal hinter dem Lenkrad sitzend, entdeckt man ein erstaunlich gutmütiges Auto. Im Vergleich zum Rennwagen wird die Leistung des Boxermotors um 56 PS zurückgenommen, die verbliebenen 544 Pferde schieben den lediglich 1150 kg wiegenden GT1 aber immer noch beeindruckend an. Im Gegensatz zu allen anderen 911-Modellen ist das Triebwerk hier vor der Hinterachse montiert, was die Massenzentrierung

Der 911 GT1 ist für ein Straßenfahrzeug maximal abgespeckt.

Dieser 911 GT1 kann im Porsche-Werksmuseum in Stuttgart-Zuffenhausen besichtigt werden.

deutlich verbesserte. Auch wenn der GT1 optisch an den 911 erinnert, bleiben alle Merkmale eines echten Rennwagens an Bord. Das Heck wird von einem riesigen Spoiler umschlossen und von einem hohen Flügel gekrönt. Der vordere Bereich bleibt relativ schlicht, doch große Lufteinlässe und -Auslässe für gut belüftete Bremsen zeigen auch hier das ursprüngliche Einsatzgebiet des GT1.

Um Homologationsvorschriften zu erfüllen, muss Porsche 25 käufliche GT1-Modelle für den Straßeneinsatz produzieren – am Ende werden es immerhin 21 Stück, die sich zu einem Preis von 1.550.000 DM verkaufen lassen.

Manche anspruchsvollen Kunden legen großen Wert auf guten Stil und ordern andere Spoiler, die ihren ästhetischen Ansprüchen genügen.

Im Gegensatz zu den meisten Autos der Kategorie »GT1«, die niemand für den täglichen Gebrauch erwerben kann, gehört der 911 GT1 immerhin zu den wenigen Fahrzeugen, die nach ihrem Debüt auf der Rennstrecke wirklich auf die Straße gehen.

Ob der GT1 mit seinem Mittelmotor überhaupt als »echter 911er« gilt, ist bis heute nicht endgültig geklärt.

- **Motor:**
  Sechszylinder-Boxer-Mittelmotor (DOHC, 4 Ventile), Biturbo, Hubraum: 3163 cm³, Bohrung x Hub: 95 x 74,4 mm, Leistung: 544 PS bei 7200/min
- **Länge/Breite/Höhe:**
  471 x 198 x 117,3 cm
- **Radstand/Spurbreite:**
  250 x 150,2 x 156,8 cm
- **Gewicht:**
  1150 kg
- **Fahrleistung:**
  307 km/h, 3,7 sec von 0 – 100 km/h
- **Produktion:**
  21 Exemplare (1997 – 1998)

MERCEDES-BENZ SLR McLAREN

Detroit, Januar 1999

Mercedes-Benz und McLaren kooperieren bereits in der Formel 1 miteinander, doch nun wollen sie auch ein käufliches Auto der Superlative gemeinsam entwickeln und produzieren. Mercedes war viele Jahre sehr vorsichtig gewesen, wenn es um Wettbewerbsfahrzeuge ging. Weil man unter dem schweizerischen Sauber-Rennstall bereits in die Langstreckenrennen zurückgekehrt war, wollte man mit dem von Marco Illien, Paul Morgan und Roger Penske in England gegründet Motorenlieferanten Ilmor auch wieder an der Formel 1 teilnehmen. Ilmor hatte 1991 mit seinem ersten Formel-1-Motor das kleine Team Leyton House ausgestattet. Ab 1994 hieß der Ilmor-Motor offiziell Mercedes und steckte im Fahrgestell von Sauber-F1-Rennwagen.

Ab 1995 schaltet Mercedes einen Gang höher und beauftragt McLaren mit dem Bau der Motoren für die Formel 1. Zusammen

Wie in der Formel 1 nutzt Mercedes das Know-how von McLaren, um seinen Supersportwagen zu entwickeln.

mit McLaren gewinnt das Mercedes-Benz-Team 1998 die Formel-1-Weltmeisterschaft und holte sich mit Mika Häkkinen die Titel in der Hersteller- und Fahrerwertung. Bald wird die Zusammenarbeit der beiden Unternehmen in der Entwicklung eines GT-Wagens verkündet: des SLR. Dieser Wagen wird auf der Detroit Motor Show 1999 erstmals vorgestellt – geht aber erst fast fünf Jahre später (im September 2003) in Produktion. Gebaut wird der SLR im neu von Star-Architekt Norman Foster in Woking errichteten McLaren-Werk, das von oben betrachtet an das Yin-und-Yang-Symbol erinnert.

Der Supersportwagen SLR soll Mercedes wieder an die Spitze dieses Segments bringen. Viele Details des Wagens spielen an die ruhmreiche Geschichte der Mercedes-Rennwagen an – so erinnern die Gitter in den Kotflügeln an den 300 SLR aus den 1950er Jahren.

Der Erfolg des SLR wird durch die Weltfinanzkrise allerdings deutlich beeinträchtigt. Trotz der Ergänzung durch einen Roadster und mehrere Sonderserien gelingt es Mercedes-Benz nicht, die geplanten 3500 Exemplare zu verkaufen. Nach 2114 Fahrzeugen wird die Produktion im Jahr 2009 eingestellt.

Gorden Wagener ist seit langem für das Design von Mercedes-Benz-Automobilen verantwortlich.

- **Motor:**
V8-Frontmotor mit 90° Zylinderwinkel (DOHC, 4 Ventile), Kompressor, Hubraum: 5439 cm³, Bohrung x Hub: 97 x 92 mm, Leistung: 626 PS bei 6500/min
- **Länge/Breite/Höhe:**
465,5 x 190,8 x 126,1 cm
- **Radstand/Spurbreite:**
270 x 166 x 165 cm
- **Gewicht:**
1768 kg
- **Fahrleistung:**
334 km/h, 3,8 sec von 0 – 100 km/h
- **Produktion:**
2157 Exemplare (2003 – 2009) – 1262 Coupés, 520 Roadster, 150 »722«, 150 »722 S Roadster«, 75 »Stirling Moss«

Der V8-Motor des SLR vor dem Hintergrund einer isländischen Lagune: eine Idee des Fotografen Peter Vann.

–

Der 1999 präsentierte Prototyp des SLR.

VARIANTE

MERCEDES-BENZ SLR McLAREN 722 EDITION

Dubai, Januar 2006

VARIANTE

MERCEDES-BENZ SLR McLAREN ROADSTER

Frankfurt, September 2007

Den offenen Roadster gibt es sowohl vom »normalen« SLR (520 Stück) als auch vom 722 Edition (150 Exemplare namens »722 S«). Die technischen Daten sind mit denen des Coupés identisch.

Um neue Kunden zu gewinnen, wird der SLR auch als Roadster angeboten.

- **Motor:**
  V8-Frontmotor mit 90° Zylinderwinkel (DOHC, 4 Ventile), Kompressor, Hubraum: 5439 cm³, Bohrung x Hub: 97 x 92 mm, Leistung: 650 PS bei 6500/min
- **Länge/Breite/Höhe:**
  481,8 x 219,2 x 121,9 cm
- **Radstand/Spurbreite:**
  270 x 163,3 x 156,7 cm
- **Gewicht:**
  1551 kg
- **Fahrleistung:**
  350 km/h, 3,5 sec von 0 – 100 km/h
- **Produktion:**
  75 Exemplare (2009)

VARIANTE

MERCEDES-BENZ SLR McLAREN STIRLING MOSS

Woking, Juni 2009

Um für den SLR McLaren zu werden, bemüht Mercedes-Benz immer wieder den 300 SL. Zum Ende der Baureihe erscheint das Sondermodell »Stirling Moss«. Der britische Champion (1929 – 2020) hatte 1955 mit Siegen bei der Mille Miglia (Italien), der Tourist Trophy (Isle of Man) und der Targa Florio (Sizilien) gute Werbung für Mercedes gemacht. Der SLR Stirling Moss ist radikal und schnörkellos. Keine Chromgitter, keine Windschutzscheibe, kein Verdeck. Einschließlich der Kopfstützen-Verlängerungen soll alles an den offenen 300 SLR erinnern, mit dem der Renneinsatz von Mercedes (nach einem schweren Unfall in Le Mans mit vielen Opfern unter den Zuschauern) 1955 für lange Zeit endete.

Der SLR Stirling Moss erfordert eine sturmfeste Besatzung.

16·4
GRAND SPORT
Bugatti Veyron 16.4

Der markante W16-Motor des Bugatti Veyron 16.4.

DIE 2000ER-JAHRE

Glücksräder

Natürlich besteht die Kundschaft für Supersportwagen aus den reichsten Menschen der Welt. Diese Gruppe von Menschen wird unter dem hübschen, aber unaussprechlichen Akronym UHNWI *(Ultra High Net Worth Individual)* zusammengefasst. Seit Beginn des dritten Jahrtausends sind diese Ultrareichen immer reicher und immer zahlreicher geworden – ein Glücksfall für die *Supersportwagen*.

Ultrareiche sammeln Juwelen, seltene Vögel, Geheimnisse der Technik, Marotten, Extravaganzen – Kostbarkeiten eben. Es ist legitim, Fragen zu ihren Identitäten, Auftraggebern und Wohnorten zu stellen. Seit Ewigkeiten stellt sich das Haus Rolls-Royce diese Fragen und beobachtet diesen atypischen Markt sowie seine Akteure. Marketingfachleute beobachten die Handlungen der Reichen, damit sie ihre Produkte immer gezielter gestalten können. Rolls-Royce konzentriert sich wie alle Hersteller außergewöhnlicher Fahrzeuge auf Ultrareiche. Seit der Jahrtausendwende gilt dieser Begriff für Personen, die über ein Kapital von mehr als 30 Mio. Dollar (ca. 27 Mio. Euro) verfügen. Der Begriff Reichtum ist relativ, weil er auf zwei sich gegenseitig beeinflussende Kriterien beruht, die nicht unbedingt übereinstimmen müssen: Einkommen und Vermögen.

Heute gibt es etwa 85.000 ultrareiche Menschen, die vorwiegend auf der nördlichen Erdhalbkugel leben. Die Rolls-Royce-Analysten haben ermittelt, dass jedes Mitglied dieses Clubs durchschnittlich acht Autos und oft auch eine oder mehrere Jachten besitzt. Sie verfügen über mehrere Wohnorte, mindestens drei oder vier, und dreiviertel von ihnen reisen mit einem Privatjet.

Eine Sunseeker-Jacht vor Anker an der Costa Smeralda, eine Beechcraft King Air auf dem Rollfeld von Al Bateen, eine Villa auf den Anhöhen von Bel Air, eine andere versteckt in den Wäldern von Saint-Jean-Cap-Ferrat. So viel zu den Symbolen und den Klischees, die die Begehrlichkeiten der anderen Erdenbewohner anheizen. Supersportwagen finden sich erstaunlicherweise nicht in diesen naiven Bildern, da sie in Garagen versteckt oder vor den Palästen in New York City geparkt sind. (Big Apple war lange die Stadt mit den meisten Milliardären, bevor es 2020 von Peking abgelöst wurde.)

Anfang der 2000er-Jahre deckte Rolls-Royce 58 Prozent des Marktes für Autos ab, die über 300.000 Euro kosteten. Supersportwagen mussten sich die restlichen 42 Prozent Marktanteil mit in unbegrenzter Stückzahl gebauten Großserien-Sportwagen teilen.

Der Stamm der Ultrareichen wächst und gedeiht. Laut dem im Jahr 2014 von der USB-Bank veröffentlichte *World Ultra Wealth Report* verfügen geschätzte 211.275 Personen über ein Vermögen von 300 Billionen US-Dollar, was 13 Prozent des weltweiten Gesamtvermögens entspricht – ihr Anteil an der Weltbevölkerung beträgt lediglich 0,004 %.

Die geografische Verteilung ist ebenso unausgewogen. Die Vereinigten Staaten von Amerika beherbergen das größte Kontingent an Milliardären (ca. 33 %), vor Asien (30 %) und Europa (25 %), während in den Ländern der südlichen Hemisphäre nur ein winziger Teil dieser Spezies lebt.

Der Nahe Osten verzeichnet deutliche Zuwächse, ebenso Lateinamerika und die Karibik, wenn auch in geringerem Maße. Das Forbes-Magazin veröffentlicht jährlich eine Liste aller Milliardäre. Im Jahr 2023 sind 14 US-Amerikaner unter den ersten 20 Platzierten. Den Spitzenplatz belegt Bernard Arnault (Luxusgüter), die reichste Frau der Welt, Françoise Bettencourt Meyers (L'Oréal), kam noch in die Top-20. In den Top Ten finden sich weiterhin eine Familie aus Mexiko und ein Inder.

Die Tätigkeiten der laut *Forbes* mehr als 2600 Milliardäre sind vielfältig: Die meisten von ihnen haben ihr Vermögen in der Finanz- und Investmentbranche gemacht, an zweiter Stelle in der verarbeitenden Industrie. Mehr als zwölf Prozent der Milliardäre verdanken ihren Wohlstand der Technologiebranche, einschließlich sozialer Netzwerke und E-Commerce; der viertgrößte Sektor sind die Bereiche Mode und Einzelhandel.

Die Personen, die am Steuer von Supersportwagen zu sehen sind, scheinen nicht zu dieser eher unauffälligen Welt zu gehören. Viele Milliardäre sind vielmehr darauf bedacht, ihre Philanthropie in den Vordergrund zu stellen, die nicht zur Protzerei mit einem hypersportiven Automobil passt. Viele Sportler und Filmstars, die weniger auf ihr Image achten, zögern dagegen weniger, ihren Reichtum zur Schau zu stellen. Ganz im Gegenteil. Sie *wollen* in einem Supersportwagen gesehen werden. Zweifellos wissen sie, dass eine breite Öffentlichkeit ihren Idolen gegenüber nachsichtig ist.

B-ENGINEERING EDONIS

Modena, Januar 2000

Nach dem Konkurs der Firma Bugatti Automobili sollte der EB 110 noch nicht aussterben. Jean-Marc Borel gründet schnell eine neue Gesellschaft, um die Produktion unter neuer Identität und mit einer Reihe von Änderungen wieder anzufahren. Die Firma B. Engineering sichert sich die Mitarbeit des bereits bei Bugatti Automobili beschäftigten Ingenieurs Nicola Materazzi und sie beauftragt Marc Deschamps, um sich ein völlig neues Styling auszudenken. Deschamps perfektionierte seine Kunst von 1979 bis 1992 bei Bertone, zuvor hatte er bei Simca, Ghia, Ligier und Renault gearbeitet. Dieser ebenso talentierte wie schüchterne französische Designer entwirft für den Edonis eine ausgesprochen brutal wirkende Karosserie. Der am 1. Januar 2000 vorgestellte Edonis soll in einer Auflage von 21 Exemplaren hergestellt werden, um den Eintritt in das neue Jahrtausend zu symbolisieren. Doch aufgrund fehlender Mittel und in Ermangelung jeglicher Infrastruktur kommt das Projekt nicht über die Prototypen-Entwicklungsphase hinaus.

- **Motor:**
  V12-Mittelmotor mit 60° Zylinderwinkel (DOHC, 5 Ventile), Biturbo, Hubraum: 3764 cm³, Leistung: 680 PS
- **Länge/Breite/Höhe:**
  435 x 200 x 112 cm
- **Radstand/Spurbreite:**
  256,5 x 155,6 x 161,2 cm
- **Gewicht:**
  1300 kg
- **Fahrleistung:**
  359 km/h, 3,3 sec von 0 – 100 km/h
- **Produktion:**
  3 Exemplare (2000 – 2001)

Der Wiederbelebungsversuch des EB 110 bei B. Engineering scheitert nach drei Prototypen.

FERRARI BARCHETTA PININFARINA

Paris, September 2000

Der auf 448 Exemplare limitierte Roadster soll den Verkauf des Coupés Maranello ankurbeln.

Der auf dem Pariser Autosalon vorgestellte Barchetta Pininfarina ist ein Derivat des 550 Maranello, von dem auch die technische Basis komplett übernommen wird. Sein Name ist eine Hommage an die Firma Pininfarina, die im Jahr 2000 ihr 70-jähriges Bestehen feierte, weil Battista Farina sich 1930 von seinem älteren Bruder Giovanni trennte und ein eigenes Karosseriebau-Unternehmen gründete.

Der Barchetta verfügt über einige besondere Ausstattungsdetails: Auf den vorderen Kotflügeln prangte das Cavallino Rampante (aufsteigendes Pferd), die Felgen bestehen aus zwei Segmenten, der Tankdeckel ist aus Aluminium gefertigt. Bei schlechtem Wetter kann sich die Besatzung lediglich mit einem Notverdeck schützen.

- **Motor:**
V12-Frontmotor mit 65° Zylinderwinkel (DOHC, 4 Ventile), Hubraum: 5474 cm³, Bohrung x Hub: 85 x 74 mm, Leistung: 485 PS bei 7000/min
- **Länge/Breite/Höhe:**
455 x 193,5 x 128,5 cm
- **Radstand/Spurbreite:**
250 x 163,2 x 158,6 cm
- **Gewicht:**
1690 kg
- **Fahrleistung:**
300 km/h, 4,4 sec von 0 – 100 km/h
- **Produktion:**
448 Exemplare (2000 – 2001)
(+ ca. 3600 F550 Maranello)

KOENIGSEGG CC8S

Paris, Oktober 2000

Christian von Koenigsegg gründet 1994 ein Unternehmen mit dem Ziel, den »perfekten Supersportwagen« zu produzieren. Der von David Crafoord gestaltete Prototyp namens CC wird 1997 auf dem Filmfestival von Cannes vorgestellt; das fertige Modell steht im September 2000 auf dem Pariser Automobilsalon. Die Vermarktung beginnt 2002 mit dem CC8S, dessen Carbon-Chassis mit Kevlar verstärkt ist. Als Antrieb wird beim Prototyp ein V8-Triebwerk von Audi verwendet; in der Serie kommt ein Ford-Motor zum Einsatz.

Nach dem CC ist der CC8S das erste käufliche Modell von Koenigsegg.

- **Motor:**
V8-Mittelmotor mit 90° Zylinderwinkel (DOHC, 4 Ventile), Kompressor, Hubraum: 4701 cm³, Bohrung x Hub: 89,9 x 90,4 mm, Leistung: 655 PS bei 6800/min
- **Länge/Breite/Höhe:**
419,1 x 198,9 x 106,9 cm
- **Radstand/Spurbreite:**
266 x 166 x 166 cm
- **Gewicht:**
1180 kg
- **Fahrleistung:**
390 km/h, 3,5 sec von 0 – 100 km/h
- **Produktion:**
6 Exemplare (2002 – 2003)

DIE STÄRKSTEN

PS

Die Hersteller liefern sich einen intensiven Kampf der Zahlen, um die Leistungsfähigkeit ihrer Produkte zu demonstrieren. Allerdings ist der Vergleich zwischen verschiedenen Modellen riskant, weil die öffentlich zugänglichen Daten nicht auf den gleichen Berechnungsformeln basieren. Einige verwenden amerikanische SAE-Horsepower, andere orientieren sich an deutschen DIN-PS. Auch wenn die Leistung seit Jahrzehnten in Kilowatt (kW) gemessen wird, rechnen viele Hersteller diese Werte in verschiedenste Pferdestärken zurück, sodass die Sache nicht leichter wird.

DIE 1980ER-JAHRE

1. **VECTOR W8 TWIN-TURBO** (1989) 625 PS
2. **CIZETA-MORODER V16T** (1988) 520 PS
3. **FERRARI F40** (1987) 478 PS

DIE 1990ER-JAHRE

1. **VECTOR AVTECH WX-3** (1992) 1 000 PS
2. **DAUER 962 LE MANS** (1994) 730 PS
3. **MCA CENTENAIRE** (1990) 720 PS

DIE 2000ER-JAHRE

1. **KOENIGSEGG CCXR** (2007) 1 018 PS
2. **BUGATTI VEYRON 16.4** (2000) 1 001 PS
3. **GTA SPANO** (2009) 900 PS

DIE 2010ER-JAHRE

1. **LOTUS EVIJA** (2019) 2 040 PS
2. **ASPARK OWL** (2017) 2 012 PS
3. **PININFARINA BATTISTA** (2019) 1 900 PS

DIE 2020ER-JAHRE

1. **DEUS VAYANNE** (2022) 2 198 PS
2. **RIMAC NEVERA** (2021) 1 914 PS
3. **PININFARINA B95** (2023) 1 900 PS

PORSCHE CARRERA GT

Paris, September 2000

Porsche lässt sich mit der Rückkehr in die Gemeinschaft der etablierten Supersportwagenhersteller viel Zeit. Erst im September 2000 entscheiden sich die Zuffenhausener, den Carrera GT auf sehr theatralische Weise in Paris zu enthüllen: Nach einer Fahrt über die Avenue des Champs-Élysées wird der Prototyp in den frühen Morgenstunden vor der Kulisse der Louvre-Pyramide enthüllt und anschließend auf dem Pariser Automobilsalon vorgestellt. Das stilistisch weitgehend identische Serienmodell erscheint erst zweieinhalb Jahre später, im März 2003, auf dem Genfer Salon.

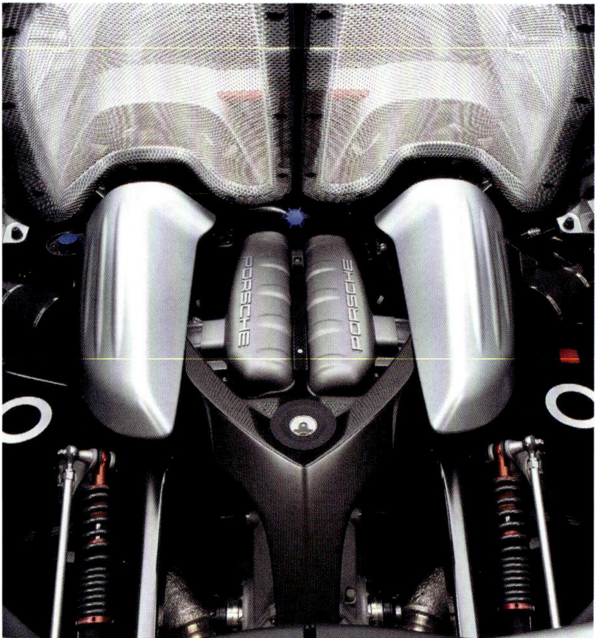

Der Carrera GT in seiner endgültigen Form im März 2003.

–

Der 612 PS starke V10-Mittelmotor des Carrera GT.

- **Motor:** V10-Mittelmotor mit 68° Zylinderwinkel (DOHC, 4 Ventile), Hubraum: 5733 cm³, Bohrung x Hub: 98 x 76 mm, Leistung: 612 PS bei 8000/min
- **Länge/Breite/Höhe:** 461,3 x 192,1 x 116,6 cm
- **Radstand/Spurbreite:** 273 x 162 x 157 cm
- **Gewicht:** 1380 kg
- **Fahrleistung:** 334 km/h, 3,9 sec von 0 – 100 km/h
- **Produktion:** 1270 Exemplare (2003 – 2006)

Der vor der Hinterachse angeordnete V10-Motor ist für eine gute Entlüftung mit Lochblechen verdeckt.

Mit seinem Status als Supersportwagen und einem Preis von 452.690 Euro setzt sich der in Leipzig von Hand gefertigte Carrera GT deutlich vom »Massenprodukt« 911 Carrera ab. Dies beginnt bereits bei der Grundkonstruktion: Statt mit einem freitragend hinter der Hinterachse aufgehängten Sechszylinder-Boxer wird der Carrera GT mit einem V10-Mittelmotor ausgerüstet, um eine optimale Gewichtsverteilung zu erreichen. Stilistisch erinnert der Wagen jedoch durchaus an die Verwandten aus Stuttgart – auch wenn seine vom Hausdesigner Harm Lagaay gestaltete Oberfläche straffer und glatter wirkt. Das originelle Karosseriekonzept mit einem abnehmbaren Targa-Dach erlaubt die rasche Verwandlung des Coupés in einen Spider.

Die ursprüngliche Idee, den Carrera GT beim 24-Stunden-Rennen von Le Mans einzusetzen, wird niemals umgesetzt. Die geplante Stückzahl von 1500 Fahrzeugen muss nach 1270 Exemplaren vorzeitig aufgegeben werden.

BUGATTI VEYRON 16.4

Paris, September 2000

Auf der Tokyo Motor Show 1999 zeigt Bugatti den vierten Prototyp der Volkswagen-Ära. Er trägt die Referenznummer EB18/4 und den Namen von Pierre Veyron (1903 – 1970), jenem Bugatti-Fahrer, der unter anderem 1939 das 24-Stunden-Rennen von Le Mans gewonnen hatte. Die speziellen Rundungen des späteren Bugatti-Designs sind bereits deutlich zu erkennen. Verantwortlich hierfür sind der Slowake Jozef Kabaň und seine »Group of Excellence« im Design-Center von Volkswagen.

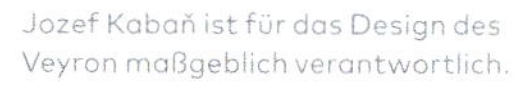

Jozef Kabaň ist für das Design des Veyron maßgeblich verantwortlich.

Eine vorläufige Skizze zeigt bereits die Merkmale des zukünftigen Veyrons.

Im September 2000 stellte Bugatti in Paris eine Weiterentwicklung des EB18/4 vor: den EB16/4. Hier wird auf den ursprünglich geplanten »echten« W18-Motor (mit drei Zylinderbänken) zugunsten des 16-Zylinder-Motors verzichtet, der aus zwei VR8-Zylinderbänken besteht. Im Jahr darauf erfolgen die Entwicklung, Tests und Kontakte mit potenziellen Kunden. Bei den Concours d'Elegance im kalifornischen Pebble Beach 2002 und 2003 zeigt Bugatti einem ausgewählten Publikum weiterentwickelte Versionen.

Bei der offiziellen Vorstellung des Veyron 16.4 (seiner endgültigen Bezeichnung für die Anzahl der Zylinder und der Turbolader) im September 2005 zeigt sich, dass Bugatti alle Versprechen eingehalten hat. Der bei VW in Salzgitter gebaute Motor liefert tatsächlich die versprochenen 1001 PS und ein gewaltiges Drehmoment von 1250 Nm, die an das von der britischen Firma Ricardo entwickelte sequenzielles Sechsganggetriebe mit Doppelkupplung weitergeleitet werden. Die von der Heggemann Aerospace AG entwickelte Aluminiumstruktur der Antriebseinheit weist eine außergewöhnliche Festigkeit auf. Die Karosserieteile aus Carbon werden von der italienischen Firma ATR geliefert; die aus Carbon-Keramik bestehenden Bremsen stammen von AP Racing aus Großbritannien. Zusammengebaut wird alles am historischen Standort von Bugatti im elsässischen Molsheim, wo jährlich 70 Exemplare entstehen sollen und nach 450 Fahrzeugen Schluss sein soll. Es entstehen 300 Coupés und 150 Grand Sport-Cabrios in unterschiedlichen Versionen.

- **Motor:**
  W16-Mittelmotor (Doppel-VR8) mit 90/15° Zylinderwinkel (DOHC, 4 Ventile), 4 Turbolader, Hubraum: 7993 cm³, Bohrung x Hub: 86 x 86 mm, Leistung: 1001 PS bei 6000/min
- **Länge/Breite/Höhe:**
  446,2 x 199,8 x 120,4 cm
- **Radstand/Spurbreite:**
  271 x 172,3 x 163,2 cm
- **Gewicht:**
  1888 kg
- **Fahrleistung:**
  407 km/h, 2,5 sec von 0 – 100 km/h
- **Produktion:**
  252 Exemplare (+ 58 Grand Sport, 48 Super Sport und 92 Grand Sport Vitesse) (2005 – 2015)

Nach sechs Jahren Entwicklungszeit kommt der Veyron 16.4 ab 2005 auf den Markt.

VARIANTE

BUGATTI VEYRON 16.4 GRAND SPORT

Carmel, August 2008

- **Motor:**
W16-Mittelmotor (Doppel-VR8) mit 90/15° Zylinderwinkel (DOHC, 4 Ventile), 4 Turbolader, Hubraum: 7993 cm³, Bohrung x Hub: 86 x 86 mm, Leistung: 1001 PS bei 6000/min
- **Länge/Breite/Höhe:**
446,2 x 199,8 x 120,4 cm
- **Radstand/Spurbreite:**
271 x 172,3 x 163,2 cm
- **Gewicht:**
1838 kg
- **Fahrleistung:**
415 km/h, 2,5 sec von 0 – 100 km/h
- **Produktion:**
58 Exemplare (2009 – 2015)

Der Grand Sport kann ohne Dach auf 360 km/h beschleunigt werden.

–

Das recht übersichtliche Cockpit des Bugatti Veyron Grand Sport.

2008 wird am Strand von Carmel-by-the-Sea in Kalifornien die Grand Sport genannte offene Version des Veyron vorgestellt. Die zum Spider verwandelte Karosserie hat auch dank einer neuen Farbgebung ihre Persönlichkeit verändert. Der Umbau wird von Achim Anscheidt aus dem Bugatti-Designstudio im Volkswagen-Konzern geleitet, der nach seinem Diplom in Pforzheim seit 1993 bei Porsche und dann im VW-Designzentrum im spanischen Sitges gearbeitet hatte. Seine Höchstgeschwindigkeit von 417 km/h kann der »schnellste Roadster aller Zeiten« nur mit geschlossenem Dach erreichen, offen wird er bei 360 abgeregelt.

VARIANTE

BUGATTI VEYRON 16.4 SUPER SPORT

Carmel, August 2010

- **Motor:**
  W16-Mittelmotor (Doppel-VR8) mit 90/15° Zylinderwinkel (DOHC, 4 Ventile), 4 Turbolader, Hubraum: 7993 cm³, Bohrung x Hub: 86 x 86 mm, Leistung: 1200 PS bei 6400/min
- **Länge/Breite/Höhe:**
  446,2 x 199,8 x 119 cm
- **Radstand/Spurbreite:**
  271 x 172,3 x 163,2 cm
- **Gewicht:**
  1888 kg
- **Fahrleistung:**
  415 km/h, 2,5 sec von 0 – 100 km/h
- **Produktion:**
  48 Exemplare (2010 – 2015)

Auf dem Volkswagen-Testgelände bei Ehra-Lessien in der Lüneburger Heide erreicht im Juli 2010 der Bugatti-Testfahrer Pierre-Henri Raphanel mit dem weiterentwickelten Veyron Geschwindigkeiten von 427,9 km/h in die eine Richtung und 434,2 km/h in die Gegenrichtung. Der Mittelwert von 431,1 km/h reicht für einen Eintrag ins Guinnessbuch der Rekorde, in dem der Bugatti Veyron 16.4 Super Sport jetzt als schnellstes Serienfahrzeug der Welt genannt wird. Neben der vor allem durch größere Turbolader gesteigerten Motorleistung musste dazu auch die Aerodynamik hinsichtlich der Stabilität und der Kühlung optimiert werden. Das Fahrwerk wurde ebenfalls angepasst. Die großen Hutzen auf dem Dach des Standard-Veyron müssen NACA-Öffnungen weichen und auch andere Lufteinlässe sowie der Diffusor werden neugestaltet. Das aerodynamische System passt sich automatisch an: bei 180 km/h öffnen sich die Klappen des Frontdiffusors, der Heckspoiler

Die mittlere Höchstgeschwindigkeit von 431,1 km/h reichte für einen Eintrag ins Guinnessbuch der Rekorde.

Der Super Sport ist die auf maximale Geschwindigkeit getrimmte Version des Bugatti Veyron.

fährt aus und das gesamte Fahrzeug senkt sich ab. Die Carbon-Karosserie ist um 50 kg erleichtert.

Die fünf ersten Serienmodelle werden in der schwarz/orangen Farbgebung des Rekordwagens ausgeliefert; die 43 anderen Fahrzeuge sind nach Kundenwunsch lackiert. Zum Schutz der Reifen ist die Höchstgeschwindigkeit des Veyron 16.4 Super Sport elektronisch auf 415 km/h abgeregelt.

VARIANTE

BUGATTI VEYRON 16.4 GRAND SPORT VITESSE

Genf, März 2012

Nachdem alle Veyron-Coupés verkauft sind, konzentriert man sich im »Werk« Molsheim auf die offene Version namens Grand Sport und gibt ihr in der »Vitesse«-Variante den 1200 PS starken Motor des Super Sports mit. Im März 2015 präsentiert Bugatti als 450. und letztes Fahrzeug der gesamten Veyron-Baureihe einen Grand Sport Vitesse, danach soll die Chiron-Baureihe folgen.

- **Motor:**
W16-Mittelmotor (Doppel-VR8) mit 90/15° Zylinderwinkel (DOHC, 4 Ventile), 4 Turbolader, Hubraum: 7993 cm³, Bohrung x Hub: 86 x 86 mm, Leistung: 1200 PS bei 6400/min
- **Länge/Breite/Höhe:**
446,2 x 199,8 x 119 cm
- **Radstand/Spurbreite:**
271 x 172,3 x 163,2 cm
- **Gewicht:**
1990 kg
- **Fahrleistung:**
375 km/h (410 km/h in der Konfiguration »Circuit«), 2,6 sec von 0 – 100 km/h
- **Produktion:**
92 Exemplare (2012 – 2015)

Der Veyron Grand Sport Vitesse kombinierte die Karosserie des Veyron Grand Sport mit der Kraft des Super Sport.

SALEEN S7

Monterey, August 2000

Das 1983 von Steve Saleen gegründete kalifornische Unternehmen präsentiert den S7 im Rahmen des historischen Laguna-Seca-Rennens in Monterey, Kalifornien. Saleen ist in Motorsportkreisen kein Unbekannter, da er seit 1984 Ford Mustangs für den Rennsport präpariert hat. Mit dem S7 begibt er sich in eine andere Kategorie. Es geht nicht mehr um die Überschreitung einer Grenze. Es handelt sich nicht mehr um die Optimierung eines Massenprodukts, sondern um ein völlig neues Auto. Der S7 ist von Anfang an so konzipiert, dass er sowohl im Straßenverkehr als auch bei Rennveranstaltungen eingesetzt werden kann. Sein Aufbau besteht aus einem mit einer Wabenstruktur aus Verbundmaterialien verstärkten Rohrrahmen. Diese Basis sowie die Radaufhängungen werden zusammen mit den britischen Spezialisten von Ray Mallock Ltd. entwickelt. Der Motor basiert auf einem von Ford produzierten NASCAR-Triebwerk und wird von Bill Tally weiterentwickelt. Die Technik ist von der schönen, aber auch aggressiv wirkenden Karosserie des Designers Phil Frank umhüllt. Die Produktion des S7 erfolgt in Irvine, Kalifornien. Die Endmontage der für Europa und den Nahen Osten vorgesehenen Autos wird in Saleens britische Niederlassung verlegt.

Der Saleen S7 ist einer der wenigen amerikanischen Supersportwagen, die wirklich in »Serie« gehen.

- **Motor:**
  V8-Mittelmotor mit 90° Zylinderwinkel (DOHC, 4 Ventile), Hubraum: 7011 cm³, Bohrung x Hub: 104,8 x 101,8 mm, Leistung: 558 PS bei 6400/min
- **Länge/Breite/Höhe:**
  477,4 x 199 x 104,5 cm
- **Radstand/Spurbreite:**
  270 x 174,8 x 171 cm
- **Gewicht:**
  1246 kg
- **Fahrleistung:**
  354 km/h, 3,9 sec von 0 – 100 km/h
- **Produktion:**
  62 Exemplare (2000 – 2008)

Der Saleen S7 für die Straße unterscheidet sich kaum von der Rennversion.

Das Cockpit des Saleen S7 Twin Turbo.

VARIANTE

SALEEN S7 TWIN TURBO

2005

Fünf Jahre nach dem S7 mit 7-Liter-Saugmotor stellt Saleen den S7 Twin Turbo mit zwei Garrett-Turboladern vor, die die Leistung um 200 PS und das Drehmoment um 240 Newtonmeter anheben. Zwei der 30 gebauten Exemplare werden mit einem zornigen »Competition Package« ausgerüstet, das den Motor mithilfe von Methanolzusatz auf 1000 PS bringt.

- **Motor:** V8-Mittelmotor mit 90° Zylinderwinkel (DOHC, 4 Ventile), Biturbo Hubraum: 7011 cm³, Bohrung x Hub: 104,8 x 101,8 mm, Leistung: 760 PS bei 7000/min
- **Länge/Breite/Höhe:** 477,4 x 199 x 104,5 cm
- **Radstand/Spurbreite:** 270 x 174,8 x 171 cm
- **Gewicht:** 1246 kg
- **Fahrleistung:** 380 km/h, 2,8 sec von 0 – 100 km/h
- **Produktion:** 30 Exemplare (2005 – 2008)

VARIANTE

SALEEN S7 LM

2016

Nach der Übernahme durch Jiangsu Secco Automobile Technology Corporation heißt die Firma Jiangsu Saleen Automotive Technologies und baut für die Teilnahme am 24-Stunden-Rennen von Le Mans sieben Autos mit dem Competition Package und einem Aerodynamikpaket, das einen Spoiler, Seitenschürzen, einem flachen Unterboden sowie einem Diffusor enthält. Der bereits 1000 PS starke Motor kann auf Kundenwunsch bis zu 1500 PS mobilisieren.

- **Motor:** V8-Mittelmotor mit 90° Zylinderwinkel (DOHC, 4 Ventile), Biturbo Hubraum: 7011 cm³, Bohrung x Hub: 104,8 x 101,8 mm, Leistung: 1000 bis 1499 PS bei 7000/min
- **Länge/Breite/Höhe:** 477,4 x 199 x 104,5 cm
- **Radstand/Spurbreite:** 270 x 174,8 x 171 cm
- **Gewicht:** 1246 kg
- **Fahrleistung:** 480 km/h, 2,2 sec von 0 – 100 km/h
- **Produktion:** 7 Exemplare (2016)

FORD GT

Detroit, Januar 2002

Der GT von 2002 folgt den Linien des Vorgängers aus den 1960ern – allerdings hat sich der Maßstab geändert.

Wie der Name schon andeutete, hat sich das Studio Living Legends bei Ford der Wiederbelebung von Ikonen gewidmet, die in der Geschichte des Unternehmens eine wichtige Rolle gespielt haben. Dieses Team wird nun mit der Aufgabe betraut, den GT40 als Konzeptfahrzeug wieder auferstehen zu lassen, das schließlich 2002 auf der Auto-Show in Detroit vorgestellt wird. Zwei Jahre später geht das Fahrzeug in Serie, darf aber nicht mehr GT40 genannt werden, weil zum einen eine britische Firma diese Bezeichnung für sich schützen ließ und zum anderen der Wagen nicht mehr wie das Original 40 Zoll (102 cm), sondern 43 Zoll hoch ist. Zwar folgte der Stil des Ford GT strikt den Linien des zwischen 1965 und 1969 in 107 Exemplaren hergestellten Originals, doch wächst er auch in der Länge (um 58 cm) im Radstand (um 30 cm) und in der Breite (um 17 cm) beträchtlich an.

Die gesamte Karosserie ist aus Aluminium gefertigt, lediglich die Motorabdeckung besteht aus GfK. Die Innenausstattung wirkt weniger spartanisch als beim inzwischen 40 Jahre alten Original. Die Abdeckung des Mitteltunnels besteht aus gebürstetem Magnesium und verschiedene Aluminium-Komponenten verleihen dem Cockpit einen Hauch von Luxus. Der langhubig ausgelegte V8-Mittelmotor wird per Lysholm-Kompressor aufgeladen und die Kraft mithilfe eines Ricardo-Getriebes auf die Hinterräder geleitet. Geplant sind 4500 Fahrzeuge, doch bis 2006 werden bei der Firma Mayflower Vehicle Systems in Norwalk (Ohio) lediglich 4038 GT gebaut – der Preis in Europa liegt bei 177.000 Euro.

- **Motor:**
V8-Mittelmotor mit 90° Zylinderwinkel (DOHC, 4 Ventile), Kompressor, Hubraum: 5409 cm³, Bohrung x Hub: 90,2 x 105,8 mm, Leistung: 550 PS bei 6500/min
- **Länge/Breite/Höhe:**
464,3 x 195,3 x 112,5 cm
- **Radstand/Spurbreite:**
271 x 163,3 x 165 cm
- **Gewicht:**
1597 kg
- **Fahrleistung:**
330 km/h, 3,9 sec von 0 – 100 km/h
- **Produktion:**
4038 Exemplare (2004 – 2006)

FERRARI ENZO FERRARI

Paris, Oktober 2002

Das Design des Enzo Ferrari stammt von Ken Okuyama bei Pininfarina.

Das Projekt FX wird auf der im Tokyo Contemporary Art Museum stattfindenden Ausstellung »Artedinamica« gezeigt, die vom 27. April bis 14. Juli 2002 stattfindet. Einige Monate später wird auf dem Pariser Autosalon der Name des neuen Modells bekannt gegeben: Zu Ehren des Commentatores nimmt man einfach seinen Vornamen. Wieder einmal bringt die Firma aus Maranello ein Automobil auf die Straße, das in der Formel 1 gewonnene Lehren umsetzt. Es reiht sich ein in die Reihe von Sonderserien (288 GTO, F40 und F50). Um ihn zu erwerben, muss man nicht nur lange Zahlenfolgen auf einen Scheck schreiben können, sondern auch nachweisen können, dass man zu den Auserwählten gehörte, die bereits einen der exklusiven Ferraris besitzen. Ein Lob des Privilegs, der Kultur und der Diskriminierung. Die Verherrlichung des selektiven Charakters ist der beste Weg, um den Neid der Enthusiasten und das Verlangen der Investoren zu schüren.

Der Entwurf von Ken Okuyama aus dem Pininfarina-Studio wird im Hochgeschwindigkeits-Windkanal optimiert und das Design wird trotz organischer Formen bewusst aggressiv gestaltet. Die Front erinnert stark an die Nase eines Formel-1-Boliden. Okuyama ist seit dem 1. Januar 2001 Leiter der Abteilung »Transportation Design« am Art-Center in Pasadena, wo er zuvor studiert hat. Bevor er zu Pininfarina ging, arbeitete Okuyama bei Porsche und GM. 2005 wird er die Nachfolge von Lorenzo Ramaciotti an der Spitze der Forschungs- und Entwicklungsabteilung.

Das mit zwölf Kolben arbeitende Herzstück des Enzo Ferrari ist durch die Heckscheibe gut sichtbar. Die Verwendung wertvoller Materialien rechtfertigt den Preis dieses außergewöhnlichen Automobils. Die Monocoque-Struktur besteht genauso wie die wichtigsten anderen Karosserieteile aus Aluminium und Carbon. Die Federelemente werden elektronisch gesteuert und die Bremsscheiben sind aus Carbon-Keramik gefertigt. Vom Enzo Ferrari sollen ursprünglich 349 Autos gebaut werden, der Preis liegt bei 675.000 Euro. Aufgrund der großen Nachfrage werden weitere 50 Autos produziert. Der 400. und letzte Wagen wird Papst Johannes Paul II. überreicht, der ihn als Spende für die Caritas versteigern lässt und dieser über eine Million Euro einbringt.

- **Motor:**
  V12-Mittelmotor mit 65° Zylinderwinkel (DOHC, 4 Ventile), Hubraum: 5998 cm³, Bohrung x Hub: 92 x 75,2 mm, Leistung: 660 PS bei 7800/min
- **Länge/Breite/Höhe:**
  470,2 x 203,5 x 114,7 cm
- **Radstand/Spurbreite:**
  265 x 166 x 165 cm
- **Gewicht:**
  1365 kg
- **Fahrleistung:**
  350 km/h, 3,9 sec von 0 – 100 km/h
- **Produktion:**
  400 Exemplare (2002 – 2004)

VARIANTE

FERRARI FXX

Bologna, Dezember 2005

Der FXX basiert auf dem Enzo Ferrari und ist für besondere Kunden bestimmt, die im Rahmen eines Kooperationsprogramms zwischen Interessenten und dem Hersteller auserwählt werden. Der Wagen erhält weder eine Straßenzulassung noch ist er für eine bestimmte Rennklasse vorgesehen. Dafür bietet er seinen Nutzern die Möglichkeit, sich beim »FXX Programme« als Testfahrer zu versuchen, da er mit einem ausgeklügelten Telemetrie-System ausgestattet ist, das mithilfe einer auf dem Dach sitzenden Kamera dabei die gesamte Fahrt aufzeichnet. Brembo liefert die Keramikbremsen und Bridgestone spezielle Reifen. Wer sich zu den 30 Auserwählten zählen darf, braucht nur noch 1,5 Mio. Euro nach Maranello zu überweisen.

- **Motor:**
  V12-Mittelmotor mit 65° Zylinderwinkel (DOHC, 4 Ventile), Hubraum: 6262 cm³, Bohrung x Hub: 94 x 75,2 mm, Leistung: 800 PS bei 7800/min
- **Länge/Breite/Höhe:**
  483,2 x 204 x 112,7 cm
- **Radstand/Spurbreite:**
  265 x 166 x 165 cm
- **Gewicht:**
  1155 kg
- **Fahrleistung:**
  345 km/h, 2,9 sec von 0 – 100 km/h
- **Produktion:**
  30 Exemplare (2005 – 2006)

Der FXX ist eine vom Enzo abgeleitete Rennversion, mit der keine Rennen gefahren werden dürfen.

–

Der leicht aufgebohrte Motor des FXX leistet 140 PS mehr als das Triebwerk des Enzo.

MASERATI MC12

Genf, März 2004

Im Juli 1997 verkauft Fiat 50 Prozent des seit 1991 komplett gehaltenen Maserati-Kapitals an sein Tochterunternehmen Ferrari, das im November 1998 die Marke mit dem Dreizack vollständig übernimmt. Die aus diesem Schritt entstandene Gruppo Ferrari Maserati existiert keine sieben Jahre und wird am 31. März 2005 aufgelöst. Zuvor hat man genug Zeit, den Maserati MC12 zu entwickeln.

Dieses Coupé basiert weitgehend auf dem zwei Jahre zuvor vorgestellten Enzo Ferrari, das Design und der um 15 cm verlängerte Radstand machen den Wagen jedoch zu etwas Besonderem. Der MC12 wird von einem völlig neuen Team gestaltet: Nach vielen Jahren der Zusammenarbeit mit der Carrozzeria Pininfarina entschließt sich Ferrari dazu, in Maranello ein eigenes Designstudio namens »concept design & development« zu eröffnen, das ab dem 1. Juli 2002 von Frank Stephenson geleitet wird. Der in Casablanca als Sohn einer Spanierin und eines Norwegers geborene kosmopolitische Designer wurde von BMW abgeworben, um eine Studie des Maserati MC12 zu erstellen. Bei BMW hatte er zuvor die Entwicklung des neuen Minis geleitet.

Das Styling des MC12 wird bei der Ferrari-Maserati-Gruppe entwickelt.

Der Maserati MC12 wird mit dem vorrangigen Ziel entwickelt, eine sportliche Existenz zu führen. Von 2005 bis 2009 setzt der Rennstall Vitaphone Racing den MC12 in der FIA-GT-Meisterschaft ein und gewinnt dreimal das 24-Stunden-Rennen von Spa-Francorchamps – das prestigeträchtigste Rennen der GT-Saison. Das aus Michael Bartels und Eric van de Poele bestehende Team siegt in allen drei Jahren – 2005 zusammen mit Timo Schneider, 2006 mit Andrea Bertolini und 2008 mit Stéphane Sarrazin.

Um den Anforderungen der Meisterschaft gerecht zu werden, muss beim MC12 auf die automatisierte Kupplung und das zu sehr auf hohe Geschwindigkeiten ausgelegte lange Heck verzichtet werden. Ein Flansch am Lufteinlass vervollständigt diese scheinbar paradoxe Vorbereitung, die ein 630 PS starkes Straßenfahrzeug in einen Rennwagen mit »nur« 600 PS verwandelt. Immerhin wiegt das Rennfahrzeug 225 kg weniger als das Zivilmodell. Maseratis Ziel ist auch, wieder an den 24-Stunden von Le Mans teilzunehmen, doch die Organisatoren des großen Klassikers verweigern stets die Anmeldung des MC12 und sprechen ihm eine Authentizität des Geistes des »Gran Turismo« ab – eine zumindest fragwürdige Entscheidung. Dennoch wird die »Stradale«-Version in zwei Kleinserien von jeweils 25 Exemplaren produziert.

- **Motor:**
V12-Mittelmotor mit 65° Zylinderwinkel (DOHC, 4 Ventile), Hubraum: 5998 cm³, Bohrung x Hub: 92 x 75,2 mm, Leistung: 632 PS bei 7500/min
- **Länge/Breite/Höhe:**
514,3 x 209,6 x 120,5 cm
- **Radstand/Spurbreite:**
280 x 166 x 165 cm
- **Gewicht:**
1365 kg
- **Fahrleistung:**
345 km/h, 3,8 sec von 0 – 100 km/h
- **Produktion:**
50 Exemplare (2004 – 2005) + 12 MC12 Corsa

Dass der Maserati MC12 vom Ferrari Enzo abstammt, kann auch eine neue Lackierung nicht kaschieren.

KOENIGSEGG CCR

Genf, März 2004

Seit die Gebrüder Koenigsegg ihre Absicht bekundet hatten, sich den Herstellern außergewöhnlicher Automobile anzuschließen, verfolgen sie eine originelle Strategie. Statt ständig neue Produkte auf den Markt zu bringen, entscheiden sie sich, sie Stück für Stück in kleinen Schritten weiterzuentwickeln, sodass »Neuheiten« stets eine beruhigende Ähnlichkeit mit ihren Vorfahren haben.

Der im gleichen Stil wie der CC8S gehaltene CCR behält auch dessen Fahrgastzelle, die nur an den Seiten leicht verändert wird. Auch das Design der Scheinwerfer wird überarbeitet. Der CCR tritt die Nachfolge des CC8S natürlich mit einer Leistungssteigerung an, die ihm im Februar 2005 einen Eintrag als schnellstes Serienauto bescherte. Mit »nur« 394,87 km/h wird er allerdings bereits im Mai vom Bugatti Veyron abgelöst.

- **Motor:**
V8-Mittelmotor mit 90° Zylinderwinkel (DOHC, 4 Ventile), Kompressor, Hubraum: 4775 cm³, Bohrung x Hub: 90,6 x 92 mm, Leistung: 806 PS bei 6900/min
- **Länge/Breite/Höhe:**
419,1 x 198,9 x 106,9 cm
- **Radstand/Spurbreite:**
266 x 166 x 166 cm
- **Gewicht:**
1365 kg
- **Fahrleistung:**
345 km/h, 3,8 sec von 0 – 100 km/h
- **Produktion:**
14 Exemplare (2004 – 2006)

EVOLUTION

KOENIGSEGG CCX

Genf, März 2006

Der CCX ist viel mehr als nur eine Weiterentwicklung des CCR; er wird insgesamt größer und legt die Grundlage für weitere Entwicklungen der Produktreihe fest. Im Hinblick auf den Export in die USA wird der CCX an die dortigen Vorgaben für Insassenschutz und Emissionen angepasst. Dazu muss nicht nur die Karosserie verändert werden, sondern auch das zuvor auf einem Ford-Motor basierende Triebwerk wird durch eine Eigenkonstruktion ersetzt. Das X im Namen verweist auf das zehnjährige Jubiläum der Marke.

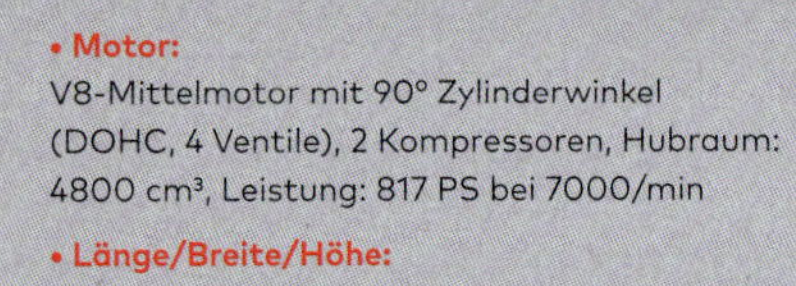

- **Motor:**
V8-Mittelmotor mit 90° Zylinderwinkel (DOHC, 4 Ventile), 2 Kompressoren, Hubraum: 4800 cm³, Leistung: 817 PS bei 7000/min
- **Länge/Breite/Höhe:**
429,3 x 199,6 x 112 cm
- **Radstand:**
266 cm
- **Gewicht:**
1280 kg
- **Fahrleistung:**
400 km/h, 3,0 sec von 0 – 100 km/h
- **Produktion:**
21 Exemplare (2005 – 2010)

Der CCX muss für die US-amerikanischen Zulassungsvorschriften umfangreich modifiziert werden.

VARIANTE

KOENIGSEGG CCXR

Genf, März 2007

Der CCX ist im typischen Koenigseck-Stil gehalten.

Eine auf den Antrieb mit Bioethanol umgestellte CCXR-Version.

- **Motor:**
  V8-Mittelmotor mit 90° Zylinderwinkel (DOHC, 4 Ventile), 2 Kompressoren, Hubraum: 4800 cm³, Leistung: 1018 PS bei 7000/min
- **Länge/Breite/Höhe:**
  429,3 x 199,6 x 112 cm
- **Radstand:**
  266 cm
- **Gewicht:**
  1280 kg
- **Fahrleistung:**
  400 km/h, 3,1 sec von 0 – 100 km/h
- **Produktion:**
  19 Exemplare (2008 – 2010)

Der CCXR unterscheidet sich lediglich durch die Umstellung auf Bioethanol-Kraftstoff (E85 oder auch E100) vom CCX. Mit einem Kompressor-Ladedruck von 1,5 bar und leicht erhöhter Verdichtung ist diese »Bio«-Ausführung sogar noch stärker geworden als das Basismodell. Neben den 14 Straßenmodellen werden vier »Edition«-Exemplare für den Einsatz auf Rennstrecken gebaut, die einen größeren Spoiler und geringere Bodenfreiheit aufweisen.

VARIANTE

KOENIGSEGG CCXR TREVITA

Genf, März 2009

Dies ist der ultimative Avatar der CC-Reihe von Koenigsegg. Vom CCXR unterscheidet er sich durch einen größeren Heckspoiler und vor allem durch die spezielle Behandlung der Carbon-Karosserie mit einem hellen Material, das für einen Diamant-Effekt sorgt. Trevita bedeutet auf Schwedisch *Die drei Weißen*, doch es entstehen nur zwei Fahrzeuge, von denen eins für 4,8 Mio. Dollar an den amerikanischen Boxer Floyd Mayweather geht.

Der CCXR stellt eine weitere Evolutionsstufe der CC-Reine von Koenigsegg dar.

KOENIGSEGG AGERA

Genf, März 2010

Mit dem Agera startet bei Koenigsegg eine neue Supersportwagen-Generation.

Auf Basis des CCX startet bei Koenigsegg ab 2010 eine neu entwickelte Baureihe. Beim Agera erhält das Getriebe einen siebten Gang, die Kompressoren sind durch einen Doppelturbolader ersetzt und VGR-Räder verbessern die Kühlung der Bremsen. Während außen kaum Veränderungen erkennbar sind, ist das Cockpit komplett überarbeitet.

- **Motor:**
  V8-Mittelmotor mit 90° Zylinderwinkel (DOHC, 4 Ventile), Biturbo, Hubraum: 5033 cm³, Bohrung x Hub: 91,7 x 95,25 mm, Leistung: 960 PS bei 7100/min
- **Länge/Breite/Höhe:**
  429,3 x 199,6 x 112 cm
- **Radstand/Spurbreite:**
  266 x 170 x 165 cm
- **Gewicht:**
  1330 kg
- **Fahrleistung:**
  400 km/h, 3,0 sec von 0 – 100 km/h
- **Produktion:**
  53 Exemplare – alle Varianten (2010 – 2018)

VARIANTE

KOENIGSEGG AGERA R

Genf, März 2011

Wie schon beim CCXR kann auch beim Agera R durch Umstellung auf Ethanolkraftstoff die Leistung gesteigert werden. Der Kaufpreis liegt bei 1.320.000 Euro.

- **Motor:**
  V8-Mittelmotor mit 90° Zylinderwinkel (DOHC, 4 Ventile), Biturbo, Hubraum: 5033 cm³, Bohrung x Hub: 91,7 x 95,25 mm, Leistung: 1140 PS bei 7100/min
- **Länge/Breite/Höhe:**
  429,3 x 199,6 x 112 cm
- **Radstand/Spurbreite:**
  266 x 170 x 165 cm
- **Gewicht:**
  1330 kg
- **Fahrleistung:**
  > 400 km/h, 2,9 sec von 0 – 100 km/h
- **Produktion:**
  18 Exemplare (2011 – 2014)

Schnell dank Bioethanol: Der Agora R erreichte bis zu 440 km/h, wird jedoch in der Rennversion bei 415 km/h abgeregelt.

VARIANTE

KOENIGSEGG AGERA ONE: 1

Genf, März 2014

Diese weiterhin auf dem Agera basierende äußerst exklusive Version hat ein außergewöhnliches Leistungsgewicht von 1,0 kg pro PS. Wer sein Konto um 1.345.000 Euro erleichtern kann, darf eines der sieben produzierten Modelle erwerben.

- **Motor:**
  V8-Mittelmotor mit 90° Zylinderwinkel (DOHC, 4 Ventile), Biturbo, Hubraum: 5033 cm³, Bohrung x Hub: 91,7 x 95,25 mm, Leistung: 1360 PS bei 7500/min
- **Länge/Breite/Höhe:**
  450 x 206 x 115 cm
- **Radstand/Spurbreite:**
  266 x 170 x 165 cm
- **Gewicht:**
  1360 kg
- **Fahrleistung:**
  440 km/h
- **Produktion:**
  7 Exemplare (2014 – 2015)

VARIANTE

KOENIGSEGG AGERA S

Genf, März 2012

Für Märkte, auf denen kein E85-Kraftstoff erhältlich ist, bietet Koenigsegg den Agera S an, der über alle Attribute des Agera R verfügte, aber mit Super-Plus (98 Oktan) betrieben werden darf.

- **Motor:**
  V8-Mittelmotor mit 90° Zylinderwinkel (DOHC, 4 Ventile), Biturbo, Hubraum: 5033 cm³, Bohrung x Hub: 91,7 x 95,25 mm, Leistung: 1030 PS bei 7100/min
- **Länge/Breite/Höhe:**
  429,3 x 199,6 x 112 cm
- **Radstand/Spurbreite:**
  266 x 170 x 165 cm
- **Gewicht:**
  1330 kg
- **Fahrleistung:**
  > 400 km/h, 2,9 sec von 0 – 100 km/h
- **Produktion:**
  5 Exemplare (2012 – 2014)

VARIANTE

KOENIGSEGG AGERA RS

Genf, März 2015

Im Vergleich mit dem Agera S ist die RS-Version leichter und mit einer verbesserten Aerodynamik ausgerüstet, die den Abtrieb bei 250 km/h auf 485 kg verdoppelt. Der RS bietet den gleichen Komfort wie der R und verfügt ebenfalls über ein abnehmbares Hardtop. Wie der One:1 ist er sowohl für die Straße als auch die Rennstrecke ausgelegt. Ruhm erlangt der schnelle Schwede, als er auf einer Strecke in Nevada den seit 2010 vom Bugatti Veyron gehaltenen Geschwindigkeitsrekord (431 km/h) mit 447,2 km/h deutlich verbessert. Auch der vom Veyron Super Sport gehaltene Beschleunigungsrekord von 0 auf 400 km/h und wieder zurück auf null wird mit 36,44 Sekunden unterboten. Von den 25 produzierten Exemplaren werden zahlreiche Sondermodelle mit unterschiedlichen Motorleistungen realisiert. Zum Ende der Agera-Baureihe entstehen drei Sondermodelle der Final-Serie.

- **Motor:**
  V8-Mittelmotor mit 90° Zylinderwinkel (DOHC, 4 Ventile), Biturbo, Hubraum: 5033 cm³, Bohrung x Hub: 91,7 x 95,25 mm, Leistung: 960 PS bei 7100/min oder 1160 PS bei 7800/min oder 1360 PS bei 7500/min
- **Länge/Breite/Höhe:**
  429,3 x 199,6 x 112 cm
- **Radstand/Spurbreite:**
  266 x 170 x 165 cm
- **Gewicht:**
  1295 kg
- **Fahrleistung:**
  > 400 km/h, 2,9 sec von 0 – 100 km/h
- **Produktion:**
  25 Exemplare (2015 – 2018)

der Forschung tätig war, anschließend gründete er sein eigenes Unternehmen, die Fioravanti slr.

Unter diesem Namen hat er das drehbare »Revocromico«-Dach erfunden, dessen Lizenz er an Pininfarina weitergab. Bei dieser cleveren Konstruktion lässt sich das Dach in wenigen Sekunden nach hinten schwenken, sodass es auf dem Kofferraumdeckel zum Liegen kommt, die Heckscheibe dient dann als Windabweiser. Technisch basiert der Superamerica auf dem 575M Maranello, dessen Karriere sich dem Ende nähert. Die Leistung des V12-Motors wächst dabei von 515 auf 540 PS an.

- **Motor:**
  V8-Mittelmotor mit 90° Zylinderwinkel (DOHC, 4 Ventile), Biturbo, Hubraum: 5033 cm³, Bohrung x Hub: 91,7 x 95,25 mm, Leistung: 1140 PS bei 7100/min
- **Länge/Breite/Höhe:**
  455 x 193,5 x 127,7 cm
- **Radstand/Spurbreite:**
  250 x 163,2 x 158,6 cm
- **Gewicht:**
  1790 kg
- **Fahrleistung:**
  320 km/h, 4,2 sec von 0 – 100 km/h
- **Produktion:**
  559 Exemplare (2005 – 2006)

Wie bei den Superamerika-Modellen aus den 1950er-Jahren sitzt auch beim 575 Superamerica der V12-Motor über der Vorderachse.

GUMPERT APOLLO

Altenburg, Oktober 2005

- **Motor:**
  V8-Mittelmotor mit 90° Zylinderwinkel (DOHC, 5 Ventile), Hubraum: 4163 cm³, Bohrung x Hub: 93 x 84,5 mm, Leistung: 650 PS bei 6500/min
- **Länge/Breite/Höhe:**
  446 x 199,8 x 111,4 cm
- **Radstand/Spurbreite:**
  270 x 167 x 159,8 cm
- **Gewicht:**
  1200 kg
- **Fahrleistung:**
  360 km/h, 3,1 sec von 0 – 100 km/h
- **Produktion:**
  geschätzt 65 Exemplare (2005 – 2013)

Roland Gumpert, ehemaliger Motorsport-Chef von Audi, gibt 2003 dem zwei Jahre zuvor im thüringischen Altenburg gegründeten Unternehmen zum Bau eines zulassungsfähigen Rennwagens seinen Namen. Das daraufhin vorgestellte Fahrzeug ist von Marco Vanetta gestaltet. Die Basis des Motors liefert Audi.

Der Gumpert Apollo zeichnet sich durch ein brutales, aber effektives Design aus.

VARIANTE

GUMPERT APOLLO S

Genf, März 2009

Den zusätzlichen »Speed« des Apollo S (daher das »S«) erreicht Gumpert durch einen um 100 PS verstärkten Motor, eine Tieferlegung um 9 mm und aerodynamische Optimierungen.

- **Motor:**
  V8-Mittelmotor mit 90° Zylinderwinkel (DOHC, 5 Ventile), Hubraum: 4163 cm³, Bohrung x Hub: 93 x 84,5 mm, Leistung: 750 PS bei 7000/min
- **Länge/Breite/Höhe:**
  446 x 199,8 x 111,4 cm
- **Radstand/Spurbreite:**
  270 x 167 x 159,8 cm
- **Gewicht:**
  1200 kg
- **Fahrleistung:**
  360 km/h, 3,0 sec von 0 – 100 km/h
- **Produktion:**
  keine Angaben (2009 – 2013)

VARIANTE

GUMPERT APOLLO ENRAGED

Genf, März 2012

Während Gumpert immer tiefer in finanzielle Schwierigkeiten gerät, soll eine zweifarbige »Enraged«-Version mit einem auf 780 PS gesteigerten Motor Optimismus verbreiten. Allerdings geht die Firma bereits im August in Konkurs und ist zwei Monate später insolvent. Das Geschäft wird von einem Hongkonger Investor übernommen, der im März 2016 in Genf mit einem ziemlich futuristischen Apollo Arrow wieder auftaucht. Roland Gumpert entwickelt mit einem chinesischen Investor namens Aiways ein Elektroauto-Projekt samt Brennstoffzelle namens RG Nathalie. Insgesamt beeindrucken alle mit Grumpert zusammenhängende Unternehmen vor allem durch geheimnisvolles Geschäftsgebaren.

LAMBORGHINI REVENTÓN

Frankfurt, September 2007

Dieser Supersportwagen wird auf der Basis des in mehr als 4000 Einheiten gebauten Murciélago entwickelt, der in den Augen wirklich anspruchsvoller Kunden wahrscheinlich nicht extravagant und exklusiv genug zu sein scheint. Die größte technische Verbesserung betrifft die Bremsen, deren Scheiben jetzt aus Carbon-Keramik bestehen. Die Motorleistung wird lediglich um 10 PS erhöht. Auch das Design ist wichtig: Obwohl die Silhouette des Murciélago noch erkennbar ist, wirkte die deutlich kantigere Form brutaler – kein Wunder, denn die Designer haben sich vom Tarnkappen-Jagdflugzeug F-22 Raptor inspirieren lassen, welches seit 2005 bei der US Air Force im Einsatz steht.

- **Motor:**
V12-Mittelmotor mit 60° Zylinderwinkel (DOHC, 4 Ventile), Hubraum: 6496 cm³, Bohrung x Hub: 88 x 89 mm, Leistung: 650 PS bei 8000/min
- **Länge/Breite/Höhe:**
470 x 205,8 x 113 cm
- **Radstand/Spurbreite:**
266,5 x 163,5 x 169,5 cm
- **Gewicht:**
1665 kg
- **Fahrleistung:**
340 km/h, 3,1 sec von 0 – 100 km/h
- **Produktion:**
22 Exemplare (2007 – 2008)

Murciélago im Stealth-Design: Der Lamborghini Reventón.

Zum Stealth-Design passt auch der dominierende Farbton Grigio Barrá – matt und geheimnisvoll. Olivgrünes Alcantara mit schwarzem Leder im Innenraum harmonieren damit. Das Kampfjet-Ambiente wird durch ein dreieckiges Visier verstärkt, in dem die g-Kraft angezeigt wird, welche beim Beschleunigen oder in Kurven auf den Piloten wirkt. Für 1 Mio. Euro (das Dreifache des Murciélago-Preises) ist sichergestellt, dass man mit dem auf 22 Exemplare limitierten Reventón auf keinen Fall unter dem Radar bleibt.

VARIANTE

LAMBORGHINI REVENTÓN ROADSTER

Frankfurt, September 2009

Der an ein Tarnkappenflugzeug erinnernde Reventón wird von Lamborghini auch als offener Roadster angeboten. Diesmal kommt die Technik des Murciélago LP 670-A SV zum Einsatz, was einen Bonus von 20 PS im Vergleich zum geschlossenen Reventón bedeutet. Die erforderlichen Verstärkungen der Struktur schlagen mit 25 kg Mehrgewicht zu Buche. Der Roadster wird 20-mal gebaut und mit 100.000 Euro Aufschlag zum Coupé angeboten.

Die Roadster-Variante des Reventón.

- **Motor:**
V12-Mittelmotor mit 60° Zylinderwinkel (DOHC, 4 Ventile), Hubraum: 6496 cm³, Bohrung x Hub: 88 x 89 mm, Leistung: 670 PS bei 8000/min
- **Länge/Breite/Höhe:**
470 x 205,8 x 113 cm
- **Radstand/Spurbreite:**
266,5 x 163,5 x 169,5 cm
- **Gewicht:**
1690 kg
- **Fahrleistung:**
340 km/h, 3,1 sec von 0 – 100 km/h
- **Produktion:**
20 Exemplare (2009 – 2010)

RUF CTR3

Bahrein, April 2007

Der CTR3 ist zwar ein originaler RUF, erinnert aber dennoch an Fahrzeuge aus Zuffenhausen.

Alois Ruf gründete 1939 in Pfaffenhausen (Unterallgäu) eine Kfz-Werkstatt. 1974 übernahm sein Sohn Alois Ruf Jr. die Firma und entwickelte das Ruf-Autocenter, das sich ganz dem Porsche-Kult und vor allem dem 911 widmete. Bekannt wurden unter anderem der auf dem 991 basierende Rt35 (3,8 Liter, 630 PS) sowie der Rt12S und RGT-8, die auf dem älteren 997 basieren.

Ursprünglicher ist der CTR3, der zwar wie der Cayman über einen Mittelmotor verfügt, aber eine komplette Eigenentwicklung ist. Das von Bennett Sonderberg gestaltete Styling ist einerseits eigenständig, erinnert aber dennoch an Porsche. Im März 2012 fügt Ruf eine leistungsstärkere Entwicklung mit dem Namen »Clubsport« hinzu.

- **Motor:**
  Sechszylinder-Boxer-Mittelmotor (DOHC, 4 Ventile), Biturbo, Hubraum: 3746 cm³, Bohrung x Hub: 102 x 76,4 mm, Leistung: 750 PS bei 7100/min (Clubsport: 777 PS)
- **Länge/Breite/Höhe:**
  444,5 x 194,4 x 120 cm
- **Radstand:**
  262,5 cm
- **Gewicht:**
  1400 kg
- **Fahrleistung:**
  380 km/h, 3,2 sec von 0 – 100 km/h
- **Produktion:**
  30 Exemplare + 7 Clubsport (2007 – 2013)

MARUSSIA B1

Moskau, Dezember 2008

EVOLUTION

MARUSSIA B2

Frankfurt, September 2009

Die Geschichte des russischen Supersportwagens ist stets etwas zwielichtig.

Trotz seiner Präsenz auf verschiedenen europäischen Messen bleibt auch dem B2 eine kommerzielle Karriere versagt.

Auf der IAA 2009 wird ein neu gestalteter B2 auf der technischen Basis des B1 vorgestellt. Sein Styling wirkt radikaler und aggressiver – und damit origineller. Marussia versucht sich durch einen weiteren Auftritt beim Genfer Salon 2012 Glaubwürdigkeit zu verschaffen, um den Wagen tatsächlich in Serie zu produzieren. Schließlich wird angekündigt, das Fahrzeug bei Valmet im finnischen Uusikaupunki produzieren zu lassen. Zur Auswahl sollen der aus dem B1 bekannte 3,5-Liter-Saugmotor und ein 2,8-Liter-Biturbomotor mit 420 PS stehen. Doch das immer fantasievoller werdende Projekt steht weiterhin unter großen finanziellen Vorbehalten.

Zur Vermarktung seiner GT-Wagen wendet sich Marussia 2010 als Sponsor von Virgin Racing der Formel 1 zu. Ab 2012 übernimmt man den Rennstall komplett und tritt als Marussia F1 Team an. Dieses trennt sich 2014 von Marussia Motors, weil die Firma Insolvenz anmelden muss. Beim Großen Preis von Japan 2014 verunglückt der junge französische Rennfahrer Jules Bianchi tödlich und am Ende der Saison ist auch das Formel-1-Team pleite. Ein tragisches Ende für eine Firma mit übertriebenem Ehrgeiz.

GTA SPANO

Valencia, Mai 2009

- **Motor:** V10-Mittelmotor mit 90° Zylinderwinkel (OHV), Biturbo, Hubraum: 8382 cm³, Bohrung x Hub: 103 x 100,6 mm, Leistung: 900 PS bei 6300/min
- **Länge/Breite/Höhe:** 460 x 198 x 118 cm
- **Radstand:** 280 cm
- **Gewicht:** 1350 kg
- **Fahrleistung:** 350 km/h, 2,9 sec von 0 – 100 km/h
- **Produktion:** 10 Exemplare (2013 – 2014)

Die Initiative für dieses erstaunliche Automobil geht von Domingo Ochoa aus, der seit etwa 30 Jahren im spanischen Motorsport aktiv war und 2005 die Firma GTA gründete. Für das extrovertierte Design mit der seltsamen seitlichen Verzierung ist Sento Pallardó verantwortlich. Das aus Carbon, Titan und Kevlar gebaute Chassis wiegt lediglich 56 kg und der V10-Motor mit einer untenliegenden Nockenwelle stammt aus dem Dodge Viper. Nachdem der Spano im Frühjahr 2009 in Andalusien vorgestellt wird, erscheint er erneut 2010 in Monaco und 2012 auf dem Genfer Salon. Von den 99 geplanten Fahrzeugen entstehen lediglich zehn. Eine überarbeitete Version wird 2015 vorgestellt, doch nur zweimal gebaut.

Der GTA Spa provozierte mit einem gewagten Design.

ASTON MARTIN ONE-77

Cernobbio, Mai 2009

Auf dem Pariser Autosalon im Oktober 2008 steht auf dem kleinen Stand von Aston Martin ein unter prächtigem Kaschmir verstecktes Auto. Alle warten ungeduldig auf die Enthüllung. Soll sie nach dem Eintreffen der Presse stattfinden? Oder direkt nach der Pressekonferenz? Oder ist es ein Trick, um die Neugier zu bewahren? Nichts von allem: Die begehrenswerteste Aston-Martin-Neuheit des Jahres bleibt während der gesamten Messe schamhaft bekleidet. Sie entledigt sich weder ihres Ober- noch ihres Unterteils und zeigt nur manchmal einen Augenwinkel, einen Hauch von Hüfte oder einen Knöchel. Die Diva soll keinesfalls aufgedeckt und das Geheimnis muss bewahrt werden, denn es soll nur sehr wenigen glücklichen Menschen das Privileg bewahrt werden, den Schleier zu lüften. Wer das Objekt sehen will, musste zuvor einen Scheck in Höhe von 1,8 Mio. Euro unterzeichnen.

Fünf Monate später wird das Projekt One-77 (»einer von 77«) auf dem Genfer Salon erneut im privaten Bereich des Messestandes wenigen Privilegierten gezeigt. Das Teasing wird dann auf dem Concours d'Elegance in der Villa d'Este am Comer See fortgesetzt.

Bei jeder dieser selektiven Indiskretionen sind die Betrachter mehr vom Styling verblüfft. Es ist das Werk von Marek Reichman, der seit Mai 2005 bei Aston Martin für das Design verantwortlich ist. Er hatte an der Universität von Teesside in Middlesbrough und am Royal College of Art in London studiert und seine Karriere bei Rover begonnen. Dann wechselte er zu BMW Designworks in Kalifornien und ging später zu Ford, was ihn schließlich zum damaligen Tochterunternehmen Aston Martin führte. Als er das Projekt One-77 übernimmt, setzt er das Ziel, den traditionellen Understatement-Stil der Manufaktur aus Warwickshire zu verschärfen. Aggressivität wird zur Regel und die überdimensionierten Lufteinlässe oder die übertriebenen Rundungen erinnern eher an die zwielichtige Tuning-Welt. Das stilistische Vokabular von Aston Martin wird auf die Spitze getrieben. Immerhin bleibt der markentypische Kühlergrill erhalten.

Bei jeder dieser selektiven Indiskretionen sind die Betrachter mehr vom Styling verblüfft. Er ist das Werk von Marek Reichman, seit Mai 2005 bei Aston Martin für das Design verantwortlich.

Der One-77 ist absichtlich deutlich üppiger gestaltet als alle anderen Modelle von Aston Martin.

• **Motor:**
V12-Frontmotor (DOHC, 4 Ventile), Hubraum: 7312 cm³, Bohrung x Hub: 94 x 87,8 mm, Leistung: 760 PS bei 7500/min

• **Länge/Breite/Höhe:**
460 x 200 x 122,2 cm

• **Radstand/Spurbreite:**
279 x 170,6 x 162,7 cm

• **Gewicht:**
1630 kg

• **Fahrleistung:**
354 km/h, 3,7 sec von 0 – 100 km/h

• **Produktion:**
77 Exemplare (2009 – 2011)

Entwickler freie Hand. Es gibt lediglich die Vorgabe, alles zu zeigen, wozu Aston Martin fähig ist.

Der One-77 ist eines der ersten von Marek Reichman gestaltete Modelle für Aston Martin.

Heiße Luft entströmt über Auslässe in der Motorhaube und den oberen Bereichen der Kotflügel. Das voluminöse Heck wird von einer Leuchtleiste und einem Diffusor dominiert, der das Monster bei hohem Tempo stabilisieren soll.

Technisch haben die Entwickler freie Hand. Der damalige Geschäftsführer Ulrich Bez macht lediglich die Vorgabe, alles zu zeigen, wozu Aston Martin fähig ist – und zwar in allen Bereichen. Die Vorgabe wird strikt eingehalten: Die Struktur stammt samt V12-Frontmotor (dem zu dieser Zeit stärksten PKW-Saugmotor der Welt) vom DBS. Auch hier ist das Getriebe an der Hinterachse angeordnet, um eine optimale Gewichtsverteilung zu erreichen. Das aus Carbonfaser bestehende Monocoque-Chassis wird mit einer aktiven Aerodynamik ausgestattet.

pininfarina
Battista
AUTOMOBILI
pininfarina

DIE 2010ER-JAHRE

Neue Horizonte

Die Fortschritte in der Automobilindustrie werden von Brüchen der Geschichte bestimmt. Nach jeder Wirtschaftskrise, jedem Konflikt und jedem geopolitischen Umbruch verändert sich die Szenerie. Die Weltfinanzkrise von 2008 verwandelt das globale Umfeld und beeinflusste die Schicksale von Marken – vor allem solche, die mit ungewöhnlichen Produkten neue Märkte finden mussten.

Bei der Eröffnung der Auto Show 2009 herrscht in Detroit schlechte Stimmung. Während sich die Regierung von Barack Obama auf ihre Amtszeit vorbereitet, eröffnet die Automesse mit dem Niedergang der »Big Three« – jener drei Konzerne, die seit Ewigkeiten die amerikanische Industrie beherrschten. General Motors (GM) steht kurz vor dem Bankrott und muss staatliche Hilfe annehmen, um nicht unterzugehen. Die Ford Motor Company hält sich noch etwas besser, nachdem einige Marken abgestoßen wurden. Die Chrysler Group LLC ist nach der gescheiterten Fusion mit Daimler-Benz am stärksten gefährdet.

Es beginnt ein Jahrzehnt, in dem die Karten neu gemischt wurden. Die Finanzkrise breitet sich auf dem gesamten Planeten aus. Die ersten Beben waren im Oktober 2008 zu spüren, als der Immobilienmarkt in den USA kollabierte. Der Untergang der Investmentbank Lehman Brothers wurde zum Symbol dieses Zusammenbruchs.

Auch in der Autoindustrie gab es die ersten Opfer. Die großen Umstrukturierungen setzten ein. Nur die profitabelsten Marken konnten in einem zynischen und pragmatischen Umfeld überleben. 2010 trennt sich GM von mehreren seiner Marken, um seine Finanzen zu sanieren: Saturn im März, Hummer im Mai und Pontiac im Juli. Auch die 50 Prozent der Saab-Anteile werden an die niederländische Firma Spyker verkauft, bevor das schwedische Traditionsunternehmen zwei Jahre später völlig verschwindet. GM nähert sich im Februar 2012 der Groupe PSA (Peugeot, Citroën) an, doch bereits im Dezember 2013 trennen sich die Konzerne wieder. Stattdessen steigt ab 2014 die Dongfeng Motor Corporation aus China bei den Franzosen ein; drei Jahre später können die europäischen GM-Töchter Opel und Vauxhall von PSA übernommen werden.

Bereits vor der Weltfinanzkrise hatte Ford Vorkehrungen getroffen, um das Chaos zu überstehen: Die Premium Automotive Group mit den Luxusmarken werde abgespalten: Aston Martin wird an eine Investorengruppe verkauft, Jaguar und Land-Rover gehen an den indischen Tata-Konzern, und im August 2010 wird Volvo an die chinesische Geely Group veräußert. Die Marke Mercury wird 2010 geschlossen und 2014 trennt man sich von Mazda.

Chrysler wird dagegen von Fiat zunächst als Hauptaktionär beherrscht und dann 2011 übernommen; im Januar 2014 wird Fiat Chrysler Automobiles mit Sitz in Amsterdam gegründet. Zur Reduzierung der Schulden und Finanzierung des Investitionsplans bringt Fiat die Marke Ferrari an die Börse und trennt sich 2016 offiziell von der Marke mit dem Cavallino rampante (die Familie Agnelli hält immer noch einen Großteil der Ferrari-Aktien).

Beben gibt es auch innerhalb des VW-Konzerns: Unter der Führung von Ferdinand Piëch übernehmen die Wolfsburger im Juli 2009 die von seinem Cousin Wolfgang geleitete Porsche AG, nachdem diese versucht hatte, durch Aktienkäufe die Mehrheit am VW-Konzern zu erlangen. Daimler-Benz gibt 2012 die Strategie auf, seine Prestigemarke Maybach zu einer unabhängigen Marke umzuwandeln und stellt die Produktion ein.

Die Eurozone versinkt in einer vor allem von Griechenland ausgelösten Depression, auch Spanien und Italien sind stark betroffen. Die Automobilindustrie leidet an vorderster Front unter den Folgen – vor allem Firmen, die stark von diesen Märkten abhängig waren. Am besten schneiden Hersteller ab, die gut in den BRIC-Staaten (Brasilien, Russland, Indien, China) etabliert sind, weil diese Schwellenländer einen wirtschaftlichen Aufschwung erleben (zehn Jahre später heißen sie BRICS, weil Südafrika hinzukommt).

Das rasante Wachstum Chinas wird für die Branche ein willkommener Ausweg, um aus der Finanzkrise zu entkommen. Im Sommer 2010 gibt China bekannt, dass es im ersten Halbjahr zur zweitgrößten Wirtschaftsmacht Welt aufgestiegen sei und Japan auf Platz drei verdrängt hätte. Es spielt keine Rolle, wo China bei den Menschenrechten oder den Umweltkriterien stand – wirtschaftliche Symbole zählen. Das Reich der Mitte soll zum Dreh- und Angelpunkt der Automobilindustrie werden. Und die Rolle des chinesischen Marktes ist besonders in der Luxus-Nische sehr wichtig. Man kann sich zu Recht fragen, was ohne dieses Schlupfloch aus den größten Marken der Welt geworden wäre. Denn schon 2012 wird China zum wichtigsten Absatzmarkt für die meisten westlichen Nobelmarken: der wichtigste für Rolls-Royce und der zweitwichtigste für Bentley, Porsche, Ferrari, Lamborghini oder Maserati.

Die Überlebenschancen für außergewöhnliche Automobile zeichnet sich im Fernen Osten ab.

FERRARI 599 GTO

Peking, April 2010

Der moderne GTO hat leider nicht die Anmut des ursprünglichen Modells aus den 1960er Jahren.

• **Motor:**
V12-Frontmotor (DOHC, 4 Ventile), Hubraum: 5999 cm³, Bohrung x Hub: 92 x 75,2 mm, Leistung: 670 PS bei 8250/min

• **Länge/Breite/Höhe:**
471 x 196,2 x 132,5 cm

• **Radstand/Spurbreite:**
275 x 170,1 x 161,8 cm

• **Gewicht:**
1605 kg

• **Fahrleistung:**
335 km/h, 3,3 sec von 0 – 100 km/h

• **Produktion:**
599 Exemplare (2010 – 2013)

Die Initialen GTO (für Gran Turismo Omologato) an einem Ferrari stehen immer für etwas Besonderes. Der 599 GTO will an den bekannten 250 GTO erinnern, von dem zwischen 1962 und 1964 insgesamt 36 Exemplare gebaut wurden, die heute zu den schönsten Sportwagen aller Zeiten gezählt und für die bei Versteigerungen Rekorderlöse erzielt werden. Neben den 36 »echten« GTOs gab es sieben verwandte Prototypen (vier 330 LM und drei 250 GTO mit einem 4-Liter-Motor). So viel zur Geschichte.

Die magischen drei Buchstaben wurden schon bei mehreren Gelegenheiten entstaubt, um limitierte Serien zu kennzeichnen. Im Gegensatz zu diesen Vorfahren hat der 599 GTO jedoch keinerlei sportliche Ambitionen. Er basiert stilistisch auf dem 599 GTB Fiorano, erhält größere Lüftungsöffnungen und 50 zusätzliche Pferdestärken.

VARIANTE

FERRARI 599XX

Genf, März 2009

Der bereits ein Jahr vor dem GTO präsentierte 599XX ist ausschließlich für den Betrieb auf abgesperrten Strecken vorgesehen. Wer über eine Million Dollar aufbringen kann, darf bei Track Days die 730 PS auf den Asphalt drücken.

Die Karosserie des 599XX ist aerodynamisch optimiert, um besten Anpressdruck sicherzustellen.

- **Motor:**
  V12-Frontmotor (DOHC, 4 Ventile), Hubraum: 5999 cm³, Bohrung x Hub: 92 x 75,2 mm, Leistung: 670 PS bei 8700/min
- **Länge/Breite/Höhe:**
  478,7 x 197,2 x 128,3 cm
- **Radstand/Spurbreite:**
  275 x 168,9 x 161,2 cm
- **Gewicht:**
  1345 kg
- **Fahrleistung:**
  >335 km/h, 2,9 sec von 0 – 100 km/h
- **Produktion:**
  30 Exemplare (2009 – 2012)

VARIANTE

FERRARI SA APERTA

Paris, Oktober 2010

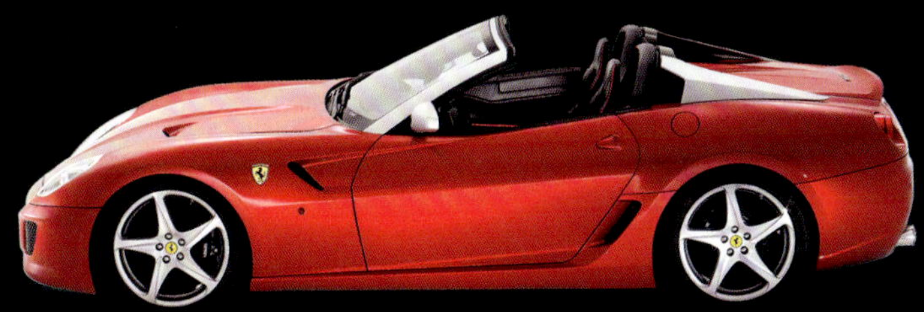

Der SA Aperta ist eine Hommage an Sergio und Andrea Pininfarina.

Anders als viele vielleicht dachten, stehen die Buchstaben »SA« nicht für Superamerica. Stattdessen sind es die Initialen von Sergio Pininfarina und seinem Sohn Andrea, mit denen man seit 1952 sehr gut zusammenarbeitet, und die Ferraris hier zum achtzigsten Jubiläum der Carozzeria aus Turin ehren will. Sergio (1926 – 2012) hatte Andrea (1957 – 2008) nach und nach die Leitung der Firma übertragen, doch dieser stirbt noch vor ihm mit nur 51 Jahren bei einem Verkehrsunfall, sodass er die Ehrung nicht mehr erlebt.

Der SA Aperta (»Offen«) basiert auf dem 599 GTO und lässt sich als echter Roadster nur mit einem Notverdeck verschließen. Die limitierte Auflage wird durch die Jubiläumszahl festgelegt.

- **Motor:**
  V12-Frontmotor (DOHC, 4 Ventile), Hubraum: 5999 cm³, Bohrung x Hub: 92 x 75,2 mm, Leistung: 670 PS bei 8250/min
- **Länge/Breite/Höhe:**
  471 x 196,2 x 130 cm
- **Radstand/Spurbreite:**
  275 x 168 x 163 cm
- **Gewicht:**
  1705 kg
- **Fahrleistung:**
  325 km/h, 3,6 sec von 0 – 100 km/h
- **Produktion:**
  80 Exemplare (2010 – 2013)

PANOZ ABRUZZI SPIRIT OF LE MANS

Le Mans, Juni 2010

Die 1989 von Donald und Daniel Panoz in Georgia, USA, gegründete Firma Panoz Auto Development ist von 1997 bis 2007 bei den 24-Stunden-Rennen von Le Mans aktiv und kehrt 2010 im zivilisierten Outfit an den berühmten Ort an der Sarthe zurück, um sein Modell Abruzzi – »Spirit of Le Mans« zu präsentieren. In alter Gewohnheit ist der Stil provokativ, die Technik vielversprechend und die Struktur (aus einem Verbundwerkstoff namens Recyclable Energy Absorbing Matrix System, der noch leichter als Kohlefaser sein soll) originell. Wie viele der 81 geplanten Exemplare (so viele Langstreckenrennen hatte es zwischen 1923 und 2013 gegeben) tatsächlich gebaut werden, lässt sich nicht ermitteln.

- **Motor:**
V8-Frontmotor (OHV, 2 Ventile), Hubraum: 6162 cm³, Bohrung x Hub: 103,3 x 91,4 mm, Leistung: 649 PS bei 6500/min
- **Länge:**
487,7 cm
- **Radstand:**
294,4 cm
- **Gewicht:**
1400 kg
- **Fahrleistung:**
330 km/h, 3,2 sec von 0 – 100 km/h
- **Produktion:**
81 Exemplare (geplant – ab 2011)

Der Name Abruzzi dieser amerikanischen Monstrosität weist auf die Herkunftsregion der Familie Panoz hin.

PORSCHE 911 SPEEDSTER (997)

Paris, Oktober 2010

Auch die Generation 997 des legendären Porsche 911 bekommt ihre Speedster-Ausführung, die wie es sich gehört, in limitierter Auflage gefertigt wird. Wie alle Modelle dieses Namens ist auch der neue Speedster ein offener und sportlicher Zweisitzer, bei dem das Verdeck unter den zwei Profilen hinter den Kopfstützen verschwindet. Im Speedster steckt die gleiche Technik wie im zeitgleich präsentierten Carrera GTS. Die Auflage ist in Erinnerung an den ersten Speedster, der 1954 auf Basis des Porsche 356 entstanden war, auf genau diese Zahl limitiert.

Kurz vor Erscheinen der Generation 991 wird der Speedster auf Basis des 997 präsentiert.

- **Motor:**
Sechszylinder-Boxer-Heckmotor (DOHC, 4 Ventile), Hubraum: 3800 cm³, Bohrung x Hub: 102 x 77,5 mm, Leistung: 408 PS bei 7300/min
- **Länge/Breite/Höhe:**
443,5 x 195,2 x 128,4 cm
- **Radstand/Spurbreite:**
235 x 148,8 x 154,8 cm
- **Gewicht:**
1520 kg
- **Fahrleistung:**
304 km/h, 4,3 sec von 0 – 100 km/h
- **Produktion:**
356 Exemplare (2010 – 2011)

HENNESSEY VENOM GT

Sealy (Texas), Juni 2010

Hennessey Performance ist ein 1992 gegründetes Unternehmen in Texas, das sich zunächst mit dem Tunen von Sportwagen beschäftigt. Ab 1996 konzentriert man sich auf die Dodge Viper, vergisst aber auch den Ford GT und die Corvette ZR-1 nicht. 2006 beauftragt John Hennessey ein britisches Studio mit der Entwicklung einer Höllenmaschine auf Basis des Lotus Exige (dessen Rundungen noch in der Form der Windschutzscheibe erkennbar sind). Das Chassis wird verlängert, um zunächst einen V10-Motor von Dodge aufzunehmen, später kommt allerdings das LS9-Triebwerk (V8) der Corvette zum Einsatz, das mit einem Ford-Getriebe verbunden wird. Das erste »Serien«-Auto wird 2010 präsentiert. Im August 2012 wird in Pebble Beach ein offener Roadster namens GT Spyder vorgestellt.

Im Februar 2014 stellt ein Venom GT auf der Landebahn der Space-Shuttles im Kennedy Space Center (Florida) einen neuen Geschwindigkeitsweltrekord für Straßenfahrzeuge auf: 435,31 km/h. Der Venom GT kostet 950.000 Dollar, der Spyder ist für 1,1 Mio. Euro zu haben. 2017 endet nach 13 Fahrzeugen die Produktion.

- **Motor:**
  V8-Mittelmotor mit 90° Zylinderwinkel (OHV, 2 Ventile), Biturbo, Hubraum: 6162 cm³, Bohrung x Hub: 103,2 x 92 mm, Leistung: 1261 bis 1471 PS bei 6500/min
- **Länge/Breite/Höhe:**
  465,5 x 196 x 113,5 cm
- **Radstand/Spurbreite:**
  280 x 161,2 x 160,4 cm
- **Gewicht:**
  1244 kg
- **Fahrleistung:**
  435 km/h, 2,7 sec von 0 – 100 km/h
- **Produktion:**
  13 Exemplare (6 Coupés, 7 Spyder) (2010 – 2017)

Der Venom GT in der Spyder-Version.

Der im September 2013 in Serie gebaute 918 Spyder hat sich im Vergleich zum Prototyp von 2010 stark weiterentwickelt.

Nach der Vorstellung des Concept-Cars 918 Spyder auf dem Genfer Salon 2018 und des 918 RSR auf der Motor-Show in Detroit ein Jahr darauf geht der Superlativ-Porsche in eine lange Entwicklungs- und Abstimmungsphase unter der Leitung von Frank-Steffen Walliser. Wie der 911 GT3 R Hybrid verfügt auch der 918 RSR über ein System zur Rückgewinnung von kinetischer Bremsenergie, die beim Beschleunigen wiederverwendet wird.

Das Ergebnis ist eine verbesserte Performance und ein geringerer Verbrauch. Beim 918 sind die Räder zusätzlich mit zwei Elektromotoren angetrieben, die beim Bremsen als Generatoren fungierten. Anders als bei den meisten aktuellen Hybridsystemen wird die erzeugte Energie nicht in einer Batterie, sondern in einem Schwungrad gespeichert.

PORSCHE 918 SPYDER

Genf, März 2010

Der »endgültige« Spyder ist 2013 auf der IAA in Frankfurt zu sehen. Die generelle Silhouette des 2010 in Genf gezeigten Prototyps wird vom Porsche-Stylisten Michael Mauer beibehalten. Der 1962 in Fulda geborene und an der renommierten Hochschule in Pforzheim ausgebildete Designer war 1989 zu Mercedes-Benz gegangen und bereits 1995 Leiter deren Advanced Design Studio in Yokohama geworden. Bald kehrte er nach Deutschland zurück, um das Smart-Team zu leiten. Im Jahr 2000 wechselte Mauer zu Saab und 2003 wurde er zum Leiter für den Bereich Advanced Design bei GM Europe ernannt. Am 1. September 2004 kam er nach Weissach zu Porsche, wo er die Nachfolge von Harm Lagaay antrat. Im Dezember 2015 übernahm Mauer zusätzlich noch die Design-Leitung für den gesamten Volkswagen-Konzern.

Der V8-Motor des 918 Spyder.

Anders als beim 918 RSR wird beim Spyder die beim Bremsen zurückgewonnene Energie »klassisch« in Lithium-Ionen-Akkus gespeichert. Der Spyder ist mit seinen riesigen seitlichen Lufteinlässen und der profilierten Motorabdeckung ein gutes Beispiel für immer neue Variationen des seit Jahrzehnten bewährten Porsche-Stils.

- **Motor:**
V8-Mittelmotor mit 90° Zylinderwinkel (DOHC, 4 Ventile), Biturbo, Hubraum: 4593 cm^3, Bohrung x Hub: 95 x 81 mm, Leistung: 608 PS bei 8500/min + 2 Elektromotoren mit 210 kW
- **Länge/Breite/Höhe:**
464,5 x 194 x 116,5 cm
- **Radstand/Spurbreite:**
273 x 166,5 x 161,4 cm
- **Gewicht:**
1700 kg
- **Fahrleistung:**
325 km/h, 2,1 sec von 0 – 100 km/h
- **Produktion:**
955 Exemplare (2013 – 2015)

PAGANI HUAYRA

Genf, März 2011

Nach zwölf Jahren Zonda kommt 2012 der Pagani Huayra.

Der gebürtige Argentinier Horacio Pagani war ein Schützling der Rennfahrerlegende Juan Manuel Fangio und arbeitete für Lamborghini, bevor er 1991 in der Via dell'artigianato in San Cesario sul Panaro (Provinz Modena) sein eigenes Unternehmen gründete. Die Firma mit dem Namen Modena Design erarbeitete mehrere Entwürfe für Lamborghini, Chrysler und sogar Renault (das Konzeptfahrzeug Next). Auf dem Genfer Salon 1999 wurde das erste Auto vorgestellt, das Pangani unter seinem Namen vermarkten wollte: der Zonda C12. Pagani Automobili ließ sich in einem neuen Werk in der Viale Galileo Galilei in Modena nieder, in dem eine Vielzahl von Varianten des Zonda (der C12S im Jahr 2000, der Roadster 2003, der F 2005), bis schließlich im März 2011 der ambitionierte Huayra als Nachfolger des Zonda vorgestellt wird.

Immer noch leistungsstark, immer noch mit Liebe zum Detail und so einzigartig wie der Zonda, ist der Huayra anspruchsvoller und weniger radikal als sein inzwischen zwölf Jahre alter Vorgänger. Ein etwas schlichteres Design und ein neues aktives Aerodynamik-Konzept erlaubt den Verzicht auf einen großen Heckflügel. Der um 7 cm verlängerte Radstand fördert sowohl die Geräumigkeit als auch die Stabilität. An jeder Ecke der Karosserie befinden sich aktive »Abtriebshilfen«, die je nach Situation den Einfluss dynamischer Lasten beim Bremsen reduzieren oder die durch Seitenbeschleunigung verursachte Wankbewegung abmildern sollen. Hinter den Vorderrädern verbessern »Kiemen« die Luftzirkulation und den Anpressdruck. Darüber hinaus sorgen zwei Unterdruckzonen im Unterboden für ein stabiles Fahrverhalten bei hohen Geschwindigkeiten.

Das Monocoque des Huayra wird aus einem Verbundwerkstoff aus Carbon und Titan gefertigt, ein Rohrrahmen aus Chrom-Molybdän-Stahl bildet das Chassis. Die Einführung eines aufgeladenen Triebwerks sorgt für noch mehr Motorleistung bei niedrigen Drehzahlen. Der Motor wird wieder von AMG geliefert, die Turbolader sind etwas kleiner, um die Ansprechzeit zu reduzieren. Eine von acht Ölpumpen versorgte Trockensumpfschmierung ermöglicht einen sehr tiefen Einbau des Motors – und damit einen sehr niedrigen Gesamtschwerpunkt.

- **Motor:**
  V12-Mittelmotor mit 90° Zylinderwinkel (DOHC, 3 Ventile), Biturbo, Hubraum: 5980 cm³, Bohrung x Hub: 82,6 x 93 mm, Leistung: 730 PS bei 5800/min
- **Länge/Breite/Höhe:**
  460,5 x 203,6 x 116,9 cm
- **Radstand/Spurbreite:**
  279,5 x 165 x 166 cm
- **Gewicht:**
  1350 kg
- **Fahrleistung:**
  360km/h, 3,3 sec von 0 – 100 km/h
- **Produktion:**
  100 Exemplare (2012 – 2018)

VARIANTE

PAGANI HUAYRA BC

Genf, März 2016

- **Motor:**
V12-Mittelmotor mit 90° Zylinderwinkel (DOHC, 3 Ventile), Biturbo, Hubraum: 5980 cm³, Bohrung x Hub: 82,6 x 93 mm, Leistung: 800 PS bei 6200/min
- **Länge/Breite/Höhe:**
460,5 x 203,6 x 117 cm
- **Radstand/Spurbreite:**
279,5 x 165 x 166 cm
- **Gewicht:**
1218 kg
- **Fahrleistung:**
370 km/h, 3,0 sec von 0 – 100 km/h
- **Produktion:**
20 Exemplare (2016 – 2019)

Diese limitierte Serie ist dank der erhöhten Leistung seines AMG-Motors noch kräftiger als der »Standard«-Huayra. Durch leichterer Schmiedefelgen, der Verwendung neuer Materialien für das Fahrwerk, neue Verbundwerkstoffe für die Fahrgastzelle und Titan für die Auspuffanlage kann das Gewicht um 132 kg abgesenkt werden.

Die Initialen BC stehen für Benny Caiola, einem guten Freund von Horacio Pagani, der ihn von Anfang an bei seinen Abenteuern unterstützte und 1999 den ersten Pagani gekauft hatte.

Die Hochleistungsversion Pagani Huayra BC kostete mit 2,4 Mio. Euro mehr als doppelt so viel wie die »Standardvariante«.

VARIANTE

PAGANI HUAYRA ROADSTER

Genf, März 2017

Pagani stellt sich immer wieder neuen Herausforderungen. Mit dem Huayra Roadster geht er das Wagnis ein, einen Roadster zu bauen, der leichter ist als das geschlossene Coupé, von dem er abstammt. Eine echte Aufgabe, denn grundsätzlich sind Cabriolets immer etwas schwerer als Coupés, weil sie mit Verstärkungen versehen werden müssen, um die stabile geschlossene Fahrgastzelle zu kompensieren. Bei der Entwicklung des Roadsters greift Pagani auf die beim Huayra BC gesammelten Erkenntnisse zurück. Das Ergebnis: Der Huayra Roadster wiegt 70 kg weniger als das Coupé (aber 62 mehr als der Huayra BC).

- **Motor:**
V12-Mittelmotor mit 90° Zylinderwinkel (DOHC, 3 Ventile), Biturbo, Hubraum: 5980 cm³, Bohrung x Hub: 82,6 x 93 mm, Leistung: 764 PS bei 5500/min
- **Länge/Breite/Höhe:**
470 x 205 x 118 cm
- **Radstand/Spurbreite:**
279,5 x 165 x 166 cm
- **Gewicht:**
1280 kg
- **Fahrleistung:**
350 km/h, 3,0 sec von 0 – 100 km/h
- **Produktion:**
100 Exemplare (2017 – 2019)

Der Huyara in der »Haare-im-Wind«-Version.

VARIANTE

PAGANI HUAYRA ROADSTER BC

Modena, August 2019

- **Motor:**
V12-Mittelmotor mit 90° Zylinderwinkel (DOHC, 3 Ventile), Biturbo, Hubraum: 5980 cm³, Bohrung x Hub: 82,6 x 93 mm, Leistung: 802 PS bei 5900/min
- **Länge/Breite/Höhe:**
470 x 205 x 118 cm
- **Radstand/Spurbreite:**
279,5 x 165 x 166 cm
- **Gewicht:**
1250 kg
- **Fahrleistung:**
350 km/h, 3,0 sec von 0 – 100 km/h
- **Produktion:**
40 Exemplare (2019 – 2020)

So sieht es aus, wenn man die Besonderheiten des Huayra BC Coupé auf den Roadster überträgt (vor allem hinsichtlich der Aerodynamik). Auch dem Motor können ein paar weitere Pferdestärken entlockt werden.

VARIANTE

PAGANI HUAYRA R

Genf, März 2021

Pagani bietet vom Huayra auch eine reine Rennstrecken-Version an. Dank Modifikationen an der Front und einem verlängerten Heck, kann die Aerodynamik optimiert werden. Das Motorenteam um Hans Werner Aufrecht (HWA) setzt einen neuen Vierventilmotor mit 850 PS ein, der mit den lediglich 1050 kg Leergewicht keine großen Probleme hat. Der Preis für das (vorläufig) letzte Huayra-Sondermodell liegt bei 2,6 Mio. Euro (ohne Steuern).

- **Motor:**
V12-Mittelmotor mit 90° Zylinderwinkel (DOHC, 3 Ventile), Biturbo, Hubraum: 5987 cm³, Leistung: 850 PS bei 8250/min
- **Länge/Breite/Höhe:**
470 x 205 x 118 cm
- **Radstand/Spurbreite:**
279,5 x 165 x 166 cm
- **Gewicht:**
1050 kg
- **Fahrleistung:**
350 km/h, 2,8 sec von 0 – 100 km/h
- **Produktion:**
30 Exemplare (seit 2021)

Eigentlich nicht gerade für den Picknick-Ausflug geeignet: der Pangani Huayra R.

RIMAC CONCEPT_ONE

Frankfurt, September 2011

- **Motor:**
  4 flüssigkeitsgekühlte permanent-erregte Radmotoren mit insgesamt 800 kW (1088 PS) Leistung, später 900 kW (1224 PS)
- **Länge/Breite/Höhe:**
  454,8 x 199,7 x 119,8 cm
- **Radstand:**
  275 cm
- **Gewicht:**
  1950 kg
- **Fahrleistung:**
  305 km/h, 2,8 sec von 0 – 100 km/h
- **Produktion:**
  88 Exemplare (geplant – ab 2013)

Der 1988 geborene Kroate Mate Rimac floh als Kleinkind mit seinen Eltern vor dem Jugoslawienkrieg nach Deutschland, interessierte sich schon als Schüler für Elektrotechnik, kehrte mit zwölf Jahren (samt Familie) nach Kroatien zurück, rüstete mit 19 Jahren einen alten 3er-BMW auf Elektroantrieb um und gründete mit 21 seine eigene Automobilfabrik in Sveta Nedelja bei Zagreb, um elektrische Supersportwagen zu bauen. Zwischendurch hatte er sich verschiedenste elektronische Geräte (einen Bedien-Handschuh, der sowohl die Tastatur als auch die Maus des Computers ersetzte, oder ein Rückspiegelsystem ohne toten Winkel) patentieren lassen.

Beim Interieur des ersten Prototyps ist noch kein echter Stil erkennbar.

Rimac überträgt das Styling seines ersten Supersportwagens namens Concept_One an den Designer Adriano Mudri, der ein gutes Beispiel für die Beherrschung von Volumen und sorgsam eingesetzter Linien abliefert. Das Ganze bleibt klassisch, denn der Wille des Herstellers ist es, ein Auto für die Straße und kein Konzeptfahrzeug zu entwerfen. Die technische Basis ist mit einer Plattform aus Carbon und der Batterie als zentrales tragendes Element ungewöhnlich.

Ursprünglich sollten von Rimac Automobili 88 Exemplare des Concept_One produziert werden.

Adriano Mudri hat den Concept_One gestaltet.

DE MACROSS EPIQUE GT1

Dubai, Dezember 2011

Der Retrostil des Equipe GT1 ist Absicht. Der gebürtige Südkoreaner Keyser Hur ist Sammler von Sportwagen-Prototypen aus den 1960er- und 1970er-Jahren. Hur ist in der Ölindustrie tätig und mit seinen Geschäften in Kanada angesiedelt. Die De Macross Motors Corporation besitzt eine bescheidene Werkstatt in Toronto, in der ihr Prototyp mithilfe der Multimatic Inc. aus Markham hergestellt wird. Das im März 2011 fertiggestellte Coupé debütiert im Dezember desselben Jahres auf der Dubai International Show und man sieht es 2012 auf dem Festival of Speed im englischen Goodwood wieder. Es hat eine Struktur aus Carbon, die durch Rahmen aus Aluminium ergänzt wird. Die Fahrwerkskomponenten werden von demselben Zulieferer entwickelt, der auch mit Red Bull Racing zusammenarbeitet. Der Ford-V8-Motor ist von Roush Yates vorbereitet.

Erinnert an den Ford GT, dessen Motor auch ihn antreibt: der De Macross Epique GT1.

- **Motor:**
  V8-Mittelmotor mit 90° Zylinderwinkel (DOHC, 4 Ventile), Turbolader, Hubraum: 5409 cm³, Bohrung x Hub: 90,2 x 105,8 mm, Leistung: 854 PS
- **Länge/Breite/Höhe:**
  472,5 x 198,2 x 116,3 cm
- **Radstand:**
  275 cm
- **Gewicht:**
  1450 kg
- **Fahrleistung:**
  370 km/h, 3,1 sec von 0 – 100 km/h

LAMBORGHINI AVENTADOR J

Genf, März 2012

Ein einzigartiges Modell für einen anspruchsvollen Kunden.

Von seinem Hersteller als das Auto »mit den wenigsten Kompromissen in der Firmengeschichte« angekündigt, ist der Aventador J erst einmal ein Roadster ohne Windschutzscheibe. Sein Stil ist stark vereinfacht, dennoch wird um angemessene Kleidung gebeten! Das Cockpit ist ohne Audio- und Navigationssystem minimalistisch gehalten, sodass der Fahrspaß wieder in den Vordergrund rückt. Pilot und Copilot führen dabei ein vollständig separiertes Dasein.

Der Aventador J setzt auf den intensiven Einsatz von Kohlefaser – einschließlich der Sitze, für die ein Textilbezug namens »Carbonskin« verwendet wird. Das einzige bei der Carrozzeria OPAC gebaute Modell wird noch auf dem Genfer Salon für 2 Mio. Euro verkauft.

- **Motor:**
V12-Mittelmotor mit 60° Zylinderwinkel (DOHC, 4 Ventile), Hubraum: 6498 cm³, Bohrung x Hub: 95 x 76,4 mm, Leistung: 700 PS bei 8250/min
- **Länge/Breite/Höhe:**
489 x 203 x 111 cm
- **Radstand/Spurbreite:**
275 x 172 x 170 cm
- **Gewicht:**
1575 kg
- **Fahrleistung:**
350 km/h, 2,9 sec von 0 – 100 km/h
- **Produktion:**
1 Exemplar (2012)

McLAREN P1

Paris, Oktober 2012

Unter der Leitung von Ron Dennis wird im Jahr 2003 McLaren Cars in die McLaren Technology Group eingegliedert. Als entfernter Verwandter des Rennstalls McLaren Racing soll sich das neue Unternehmen um die Entwicklung und Produktion eines neuen außergewöhnlichen Autos kümmern. Es wird ein neues Team zusammengestellt und die technische Leitung Dick Glover anvertraut, der bereits seit 15 Jahren bei McLaren arbeitet. Für Marketing und Vertrieb ist Mario Micheli zuständig, der im November 2009 von Ferrari angeworben worden wurde, während Christian Marti, der ehemalige Chef von Jaguar Frankreich, mit der Leitung des europäischen Markts betraut wird. Für das Design kann Frank Stephenson aus dem Fiat-Konzern abgeworben werden. Er gilt als der »Vater« des Minis bei BMW und hatte einen Blitzauftritt bei Ferrari Maserati, bevor er zwischen Fiat und Alfa Romeo hin und her wechselte.

- **Motor:**
  V8-Mittelmotor mit 90° Zylinderwinkel (DOHC, 4 Ventile), Biturbo, Hubraum: 3799 cm³, Bohrung x Hub: 93 x 69,9 mm, Leistung: 737 PS bei 7500/min + Elektromotor mit 179 PS; Gesamtleistung: 916 PS
- **Länge/Breite/Höhe:**
  458,8 x 214,4 x 118,9 cm
- **Radstand:**
  267 cm
- **Gewicht:**
  1395 kg
- **Fahrleistung:**
  350 km/h, 2,8 sec von 0 – 100 km/h
- **Produktion:**
  439 Exemplare (2013 – 2015)

Der V8-Biturbomotor des P1.

Der P1 ist McLarens erster Schritt in die Welt der Supersportwagen.

Das erste Produkt der neuen Marke, der McLaren MP4-12C, wird im März 2010 vorgestellt. Mit seinem V8-Biturbomotor mit 3,8 Liter Hubraum und 600 Pferdestärken ist er eine echte Konkurrenz für den Ferrari 458 Italia. Allerdings hat McLaren nicht die Absicht, mit den Herstellern von Supersportwagen zu konkurrieren. Zu diesem Zweck wurde der P1 entworfen.

Peter Stephenson leitete das Design des McLaren P1.

Seine Vorpremiere hat der P1 im geschlossenen Kreis des Pariser Salons; fünf Monate später wird er in Genf der Öffentlichkeit vorgestellt. Weil McLaren auf sein Formel-1-Erbe stolz ist, wird das Chassis aus Carbon gefertigt. Zwar leitet sich der von Dan Parry-Williams entwickelte P1 in seinem allgemeinen Aufbau vom MP4-12C ab, doch eine verbesserte und auffällige Aerodynamik sorgt für 600 kg Abtriebskraft. Der P1 wird von einem McLaren-Motor des Typs M838TQ angetrieben, einem kompakten und leichten Aggregat, das in Zusammenarbeit mit dem Motorenspezialisten Ricardo entstand. Er wird von einem Elektromotor unterstützt, was den McLaren zum ersten Serien-Supersportwagen mit Hybridantrieb macht. Ein Doppelkupplungs-Siebenganggetriebe von SSG leitet die Kraft auf die Hinterräder. Die Auslieferung der ersten P1 (zum Preis von 1,1 Mio. Euro) beginnt am 50. Geburtstag von McLaren im September 2013. Die Produktion ist zunächst auf 375 Exemplare limitiert; aufgrund der großen Nachfrage werden bis Ende 2015 weitere 64 Fahrzeuge gebaut.

Das Heck des »normalen« McLaren P1 (oben) und der GTR-Version (unten).

VARIANTE

McLAREN P1 GTR

Genf, März 2015

McLaren wendet die gleiche Geschäftspolitik wie seine wichtigsten Mitbewerber an und bietet nur einer Handvoll Kunden ein Automobil an, das strikt auf die private Nutzung auf Rennstrecken beschränkt ist. Auf besondere Nachfrage werden jedoch 40 der 58 gebauten Wagen so umgerüstet, dass sie auch auf öffentlichen Straßen fahren dürfen. Der P1 GTR, bei dem alle Eigenschaften des »normalen« P1 auf die Spitze getrieben wurden, wird nur an Kunden ausgeliefert, die bereits einen Standard-P1 besitzen. Die aerodynamische Ausstattung ist mit einem imposanten Heckspoiler verschärft, die die kombinierte Leistung des Hybridantriebs weiter verbessert.

- **Motor:**
V8-Mittelmotor mit 90° Zylinderwinkel (DOHC, 4 Ventile), Biturbo, Hubraum: 3799 cm³, Bohrung x Hub: 93 x 69,9 mm, Leistung: 789 PS bei 7500/min + Elektromotor mit 197 PS; Gesamtleistung: 986 PS
- **Länge/Breite/Höhe:**
458,8 x 214,4 x 118,9 cm
- **Radstand:**
267 cm
- **Gewicht:**
1440 kg
- **Fahrleistung:**
350 km/h, 2,6 sec von 0 – 100 km/h
- **Produktion:**
58 Exemplare (2015 – 2017)

Der LaFerrari führt die Tradition des F40, des F50 und des Enzo in die Hybrid-Zeit.

FERRARI LaFERRARI

Genf, März 2012

- **Motor:**
  V12-Mittelmotor mit 65° Zylinderwinkel (DOHC, 4 Ventile), Hubraum: 6262 cm³, Bohrung x Hub: 94 x 75,2 mm, Leistung: 800 PS bei 9000/min + Elektromotor mit 163 PS; Gesamtleistung: 963 PS
- **Länge/Breite/Höhe:**
  470,2 x 199,2 x 111,6 cm
- **Radstand/Spurbreite:**
  265 x 169,9 x 163,6 cm
- **Gewicht:**
  1365 kg
- **Fahrleistung:**
  > 350 km/h, 3,0 sec von 0 – 100 km/h
- **Produktion:**
  499 Exemplare (2013 – 2018)

Das Modell LaFerrari ist der große Star des Genfer Salons 2013. Der LaFerrari ist das erste Auto der Marke, dessen Design intern unter der Leitung von Flavio Manzoni entwickelt wurde, nachdem die Entwürfe von Pininfarina verworfen worden waren.

Der 1965 in Florenz geborene Flavio Manzoni hatte Architektur an der Universität Florenz studiert und 1993 bei Fiat angeheuert, um bei Lancia das Innendesign zu leiten. Er wechselte bald häufig zwischen Fiat und Volkswagen hin und her und leitete 1999 das Innendesign von Seat, dann das Design von Lancia (2001) und schließlich von Fiat (2004). Im Dezember 2006 wechselte er zu Audi und übernahm im März 2007 die Direktion des »Creative Design« des VW-Konzerns, bis er im Januar 2010 nach Italien zurückkehrte und bei Ferrari die Nachfolge von Donato Coco antrat.

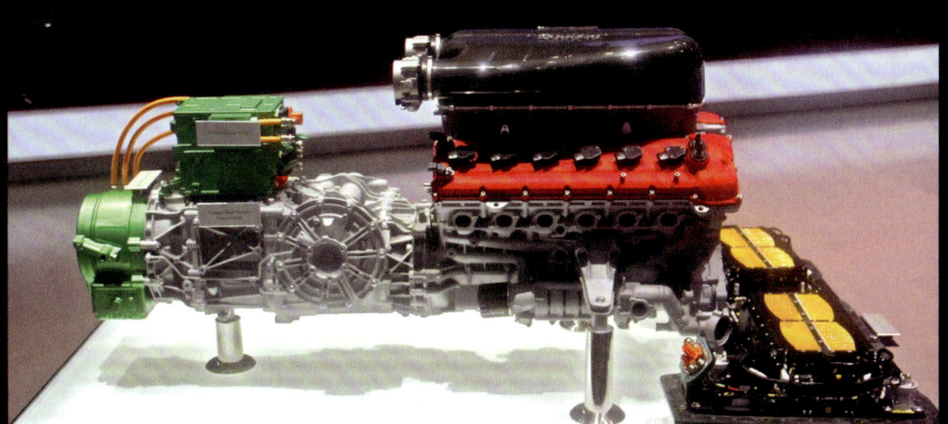

Die Ferrari-Antriebseinheit mit Hybrid-Boost (grün).

Flavio Manzoni (links) ist jetzt bei Ferrari der starke Mann fürs Styling – zum Leidwesen von Paolo Pininfarina (rechts).

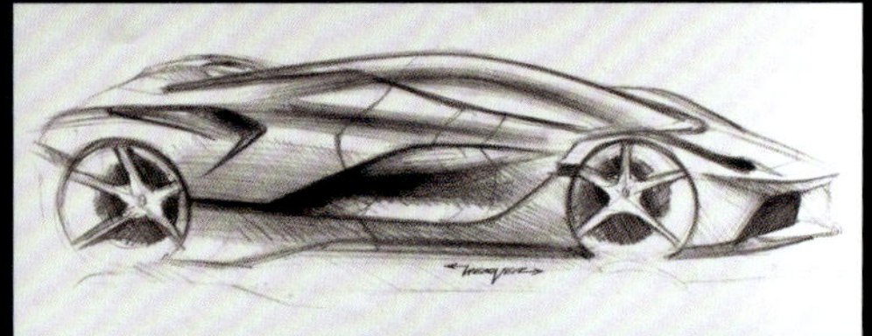

Das F150-Programm wird im September 2010 mit einfacher Aufgabenstellung gestartet: Die Nachfolge des Enzo Ferrari mit einem Tourenwagen antreten, der einem Formel-1-Monoposto möglichst nahekommt. Nach einem Jahr sind fünf maßstabsgetreue Modelle fertig und stehen zur Konfrontation bereit: Drei waren bei Ferrari entstanden, zwei bei Pininfarina. Nach langer Abwägung scheidet Pininfarina aus und nur das Team von Flavio Manzoni soll weiterarbeiten – mit Andrea Militello als Verantwortlichem für das Außendesign, Manuel Lopez für das Interieur und Tommaso Cai für die Farben und Materialien. Die Arbeit im Bereich der Aerodynamik ist beachtlich und zeigt sich in komplexen Oberflächen der Flanken mit ihren Aus- und Einlässen, den Kiemen in den hinteren Kotflügeln oder dem Unterboden. Das ausgeklügelte Design und das Zusammenspiel von beweglichen Klappen, Flügeln und Leitwerken zum Steuern der Strömung und des Abtriebs bilden eine äußerst aktive Aerodynamik.

Der LaFerrari ist das erste Serienfahrzeug der Marke, das vom System zur Rückgewinnung kinetischer Energie (KERS) profitiert. Er führt auch den Hybridantrieb bei Ferrari ein. Die Elektromotoren wurden in Zusammenarbeit mit Magneti Marelli entwickelt. Der V12-Verbrennermotor ist an ein Doppelkupplungs-Siebenganggetriebe gekoppelt.

Die Optimierung des Gewichts stellt eine weitere Herausforderung dar. In diesem Punkt verlässt sich Ferrari auf die Verwendung von vier verschiedenen Kohlefaserarten. Das Monocoque wird von Rory Byrne entwickelt, der zu Zeiten von Michael Schumacher an den Formel-1-Boliden der Scuderia gearbeitet hat. Letztendlich kann im Vergleich zum Enzo etwa 20 Prozent Gewichtsersparnis erzielt werden.

VARIANTE

FERRARI LAFERRARI APERTA

Paris, September 2016

Steht gern im Mittelpunkt: der majestätische V12-Motor des LaFerrari Aperta unter einer Glashaube.

Anders als der Enzo erscheint vom LaFerrari bald auch eine ansonsten identische Roadster-Version, deren 210 Exemplare bereits nach einer exklusiven Vorpremiere ausverkauft sind. Sein Dach kann als versenkbares Hardtop oder als Stoffverdeck geordert werden. Der letzte Aperta wird zugunsten der Hilfsorganisation Save the Children versteigert und bringt 8,3 Mio. Euro ein.

- **Motor:**
  V12-Mittelmotor mit 65° Zylinderwinkel (DOHC, 4 Ventile), Hubraum: 6262 cm³, Bohrung x Hub: 94 x 75,2 mm, Leistung: 800 PS bei 9000/min + Elektromotor mit 163 PS; Gesamtleistung: 963 PS
- **Länge/Breite/Höhe:**
  470,2 x 199,2 x 111,6 cm
- **Radstand/Spurbreite:**
  265 x 169,9 x 163,6 cm
- **Gewicht:**
  1370 kg
- **Fahrleistung:**
  > 350 km/h, 3,0 sec von 0 – 100 km/h
- **Produktion:**
  210 Exemplare (2016 – 2018)

VARIANTE

FERRARI FXX-K

Abu Dhabi, Dezember 2016

Ferrari bietet wieder einmal ein rollendes Laborauto an, das weder für den Rennsport noch für den Einsatz auf der Straße bestimmt ist. Um die Rolle des Testpiloten zu erfüllen, müssen die Kunden über einen Zeitraum von zwei Jahren eine Reihe spezieller Tests durchführen. Beim auf dem LaFerrari basierende FXX-K (das K steht für das Energierückgewinnungssystem KERS) konnten sowohl die Motorleistung als auch die Aerodynamik optimiert werden, ohne sich um Homologationsanforderungen kümmern zu müssen. Auf der Ferrari Finali Mondiali in Mugello im Oktober 2017 debütiert die modifizierte Variante FXX-K Evo mit weiteren aerodynamischen Verbesserungen, darunter einen festen Heckspoiler.

Der Ferrari FXX-K ist ein 2,2 Mio. Euro teures Spielzeug für Track-Days.

- **Motor:** V12-Mittelmotor mit 65° Zylinderwinkel (DOHC, 4 Ventile), Hubraum: 6262 cm³, Bohrung x Hub: 94 x 75,2 mm, Leistung: 860 PS bei 9000/min + Elektromotor mit 190 PS; Gesamtleistung: 1050 PS
- **Länge/Breite/Höhe:** 489,6 x 205,1 x 111,6 cm
- **Radstand/Spurbreite:** 266,5 x 169,9 x 163,6 cm
- **Gewicht:** 1265 kg
- **Fahrleistung:** > 350 km/h, 2,8 sec von 0 – 100 km/h
- **Produktion:** 41 Exemplare (darunter 9 FXX-K Evo) (2015 – 2017)

Der 2017 vorgestellte Ferrari FXX-K Evo.

2010 – 2019

LAMBORGHINI VENENO

Genf, März 2013

Zur Feier des 50. Firmenjubiläums präsentiert Lamborghini eine extravagante Interpretation seines Aventador. Der Veneno verbirgt seine Hochtechnologie unter einer Orgie aus aerodynamischen Attributen: ein Monocoque aus CFK und fünf Fahrmodi. Nur drei Exemplare werden neben dem in Genf ausgestellten Prototyp Nummer null gebaut. Abgesehen von dieser schlechten Nachricht bestätigt diese Initiative den Willen der Kunsthandwerker aus Sant'Agata Bolognese, die Tugenden der Exklusivität zu pflegen.

- **Motor:**
  V12-Mittelmotor mit 60° Zylinderwinkel (DOHC, 4 Ventile), Hubraum: 6498 cm³, Bohrung x Hub: 95 x 76,4 mm, Leistung: 750 PS bei 8500/min
- **Länge/Breite/Höhe:**
  502 x 207,5 x 116,5 cm
- **Radstand/Spurbreite:**
  270 x 172 x 170 cm
- **Gewicht:**
  1450 kg
- **Fahrleistung:**
  355 km/h, 2,8 sec von 0 – 100 km/h
- **Produktion:**
  4 Exemplare (2013)

Der Lamborghini-Stil wird immer üppiger.

VARIANTE

LAMBORGHINI VENENO ROADSTER

Sant'Agata Bolognese, September 2013

Sieben Monate nach dem Coupé stellt Lamborghini den Roadster auf Basis des Veneno vor. Zur Illustrierung der aerodynamischen Referenzen wird auf dem italienischen Flugzeugträger Cavour eine Fotoserie inszeniert, wo ein scharlachroter Veneno Roadster neben einem McDonnell Douglas Harrier II eine gute Figur macht. Vom Roadster werden immerhin neun Exemplare gebaut, die für 3,3 Mio. Euro (ohne Steuern) verkauft werden.

- **Motor:**
  V12-Mittelmotor mit 60° Zylinderwinkel (DOHC, 4 Ventile), Hubraum: 6498 cm³, Bohrung x Hub: 95 x 76,4 mm, Leistung: 750 PS bei 8500/min
- **Länge/Breite/Höhe:**
  502 x 207,5 x 116,5 cm
- **Radstand/Spurbreite:**
  270 x 172 x 170 cm
- **Gewicht:**
  1490 kg
- **Fahrleistung:**
  355 km/h, 2,8 sec von 0 – 100 km/h
- **Produktion:**
  9 Exemplare (2015)

Auch in der offenen Ausführung ist der Veneno ein ziemlich exzentrisches Fahrzeug.

DIE LEBHAFTESTEN

0 > 100

Mehr noch als die Höchstgeschwindigkeit ist die maximale Beschleunigung ein entscheidender Wert zur Unterscheidung der besten Automobile. Ihr Ziel ist, so schnell wie möglich aus dem Stand auf 100 km/h zu kommen. Wie bei allen anderen Informationen über die Leistung von Supersportwagen, gehört bei den Herstellern auch hier das Bluffen zu den üblichen Mitteln. Einige führen strenge Überprüfungen durch, doch andere arbeiten mit Schätzungen und Fantasiezahlen, die auf keinerlei Tests in der Realität beruhen.

DIE 1980ER-JAHRE

1. **PORSCHE 959** (1983) 3,9 SEC
2. **FERRARI F40** (1987) 4,1 SEC
3. **VECTOR W8 TWIN-TURBO** (1989) 4,2 SEC

DIE 1990ER-JAHRE

1. **DAUER 962 LE MANS** (1994) 2,6 SEC
2. **YAMAHA OX99** (1991) 3,1 SEC
3. **BUGATTI EB 110 SUPERSPORT** (1992) 3,26 SEC

DIE 2000ER-JAHRE

1. **BUGATTI VEYRON 16.4** (2000) 2,5 SEC
2. **FERRARI FXX** (2005) 2,77 SEC
3. **GTA SPANO** (2005) 2,9 SEC

DIE 2010ER-JAHRE

1. **ASPARK OWL** (2017) 1,72 SEC
2. **PININFARINA BATTISTA** (2019) 1,86 SEC
3. **HONGQI S9** (2019) 1,9 SEC

DIE 2020ER-JAHRE

1. EX-ÆQUO **CZINGER 21C** (2020) 1,9 SEC
KOENIGSEGG GEMERA (2020) 1,9 SEC
2. **RIMAC NEVERA** (2021) 1,97 SEC
3. **DEUS VAYANNE** (2022) 1,99 SEC

ZENVO ST1

Le Mans, Juni 2009

Der ST1 ist das erste Modell der 2007 gegründeten dänischen Marke Zenvo.

Zenvo Automotive A/S ist ein dänisches Unternehmen, das 2007 in Præstø gegründet wurde. Bereits zwei Jahre später findet in Le Mans die Weltpremiere des extrem leistungsstarken ST1 statt, von dem 15 Exemplaren gebaut werden. Sein auf einem Chevrolet-Block basierende Motor wird sowohl per Kompressor als auch per Turbolader aufgeladen und ist mit einem Siebengang-Getriebe verbunden. Auf einem Aluminium-Gitterrohrrahmen ist eine weitgehend aus Carbon gefertigte Karosserie montiert.

- **Motor:**
  V8-Mittelmotor mit 90° Zylinderwinkel, Turbolader + Kompressor, Hubraum: 6,8 Liter, Leistung: 1104 PS bei 6900/min
- **Länge/Breite/Höhe:**
  466,5 x 204,1 x 119,8 cm
- **Radstand:**
  305,5 cm
- **Gewicht:**
  1688 kg
- **Fahrleistung:**
  375 km/h, 3,0 sec von 0 – 100 km/h
- **Produktion:**
  15 Exemplare (2009 – 2015)

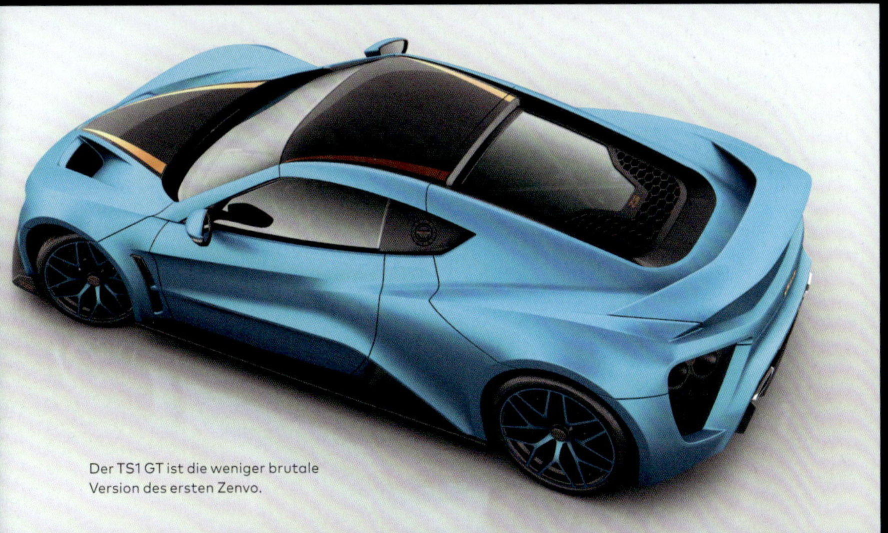

Der TS1 GT ist die weniger brutale Version des ersten Zenvo.

- **Motor:**
V8-Mittelmotor mit 90° Zylinderwinkel (DOHC), 2 Kompressoren, Hubraum: 5,8 Liter, Leistung: 1104 PS bei 7100/min
- **Länge/Breite/Höhe:**
468 x 215,5 x 119,8 cm
- **Radstand:**
290,6 cm
- **Gewicht:**
1580 kg
- **Fahrleistung:**
375 km/h, 3,0 sec von 0 – 100 km/h
- **Produktion:**
5 Exemplare (2016)

EVOLUTION

ZENVO TS1 GT

Genf, März 2016

Im Vergleich zum TS1 ist der TS1 GT sanfter und auf den Alltagseinsatz ausgerichtet, ohne dabei auf dessen enorme Leistungsfähigkeit zu verzichten. Der jetzt von Zenvo entwickelte Motor ist mit zwei Kompressoren aufgeladen und liefert trotz eines Liters weniger Hubraum die gleiche Leistung. Eine um 250 kg erleichterte und mit einem imposanten Spoiler ausgestattete TSR-Variante wird speziell für die Rennstrecke entwickelt. Die Produktion wird auf fünf Exemplare pro Jahr beschränkt.

EVOLUTION

ZENVO TSR-S

Genf, März 2018

Hier handelt es sich um die straßenzugelassene Version des TSR (das S steht für *street legal*). Dennoch können seine dynamischen Fähigkeiten auch auf der Rennstrecke beeindrucken. Das in Genf gezeigte Exemplar ist mit einem adaptiv verstellbaren Heckspoiler ausgerüstet. Auch dieses Fahrzeug wird lediglich fünfmal pro Jahr gebaut und für 1,45 Mio. Euro verkauft.

- **Motor:**
V8-Mittelmotor mit 90° Zylinderwinkel (DOHC), 2 Kompressoren, Hubraum: 5808 cm³, Leistung: 1119 PS bei 7100/min
- **Länge/Breite/Höhe:**
481,5 x 203,8 x 119,8 cm
- **Radstand:**
290,6 cm
- **Gewicht:**
1495 kg
- **Fahrleistung:**
325 km/h, 2,8 sec von 0 – 100 km/h

Von der Piste auf die Straße: Der Zenvo TSR-S.

EVOLUTION

ZENVO TSR-GT

Præstø, November 2022

Die aerodynamische Ausstattung des TSR-GT wurde weiter verbessert.

Der TSR-GT ist die letzte Version der TS-Reihe, bevor im August 2023 der Zenvo Aurora mit V12-Motor vorgestellt wird. Der TSR-GT erhält das Power-Paket, das die Leistung auf fast 1.500 PS anhebt und eine Höchstgeschwindigkeit von über 400 km/h ermöglicht. Hierzu muss die Aerodynamik optimiert und ein neuer Spoiler montiert werden – der jedoch unauffälliger wirkt als derjenige des TSR-S.

- **Motor:**
  V8-Mittelmotor mit 90° Zylinderwinkel (DOHC), 2 Kompressoren, Hubraum: 5800 cm³, Leistung: 1360 PS
- **Länge/Breite/Höhe:**
  481,5 x 203,8 x 119,8 cm
- **Radstand**
  290,6 cm
- **Gewicht:**
  1495 kg
- **Fahrleistung:**
  424 km/h, 2,8 sec von 0 – 100 km/h
- **Produktion:**
  3 Exemplare (2022 – 2023)

FERRARI SERGIO

Abu Dhabi, Dezember 2014

Der *Ingegnere* Sergio Pininfarina verstarb 85-jährig am 3. Juli 2012. Mit ihm verschwand eine der wichtigsten Figuren in der Geschichte der italienischen *Carrozzeria*. Der Ferrari Sergio auf Basis des 458 ist eine Hommage an ihn.

Nach seinem Maschinenbaustudium am *Politecnico di Torino* übernahm Sergio das 1930 von seinem Vater Battista Farina gegründete Unternehmen. Unter der Leitung von Sergio Pininfarina wurde 1966 das neue *Centro Studi e Ricerche* in Grugliasco gegründet. Im April 1982 zog das Zentrum in neue Räumlichkeiten in Cambiano um und im August 1986 ging die Pininfarina S.p.A. an die Börse. Pininfarinas aktive politische Karriere führte ihn von 1979 bis 1988 ins Europäische Parlament, anschließend wurde er für vier Jahre Präsident des italienischen Arbeitgeberverbands Confindustria.

Die Zusammenarbeit zwischen Pininfarina und Ferrari kennt keine Ruhepause. Ausnahmslos alle von 1966 bis 2012 gebauten Ferrari-Modelle wurden in den Designstudios von Pininfarina entworfen. Die Komplizenschaft verwandelt sich in eine eifersüchtige Exklusivität, die seit der Einrichtung eines eigenen Ferrari-Studios im Jahr 2002 nach und nach infrage gestellt wird.

- **Motor:**
  V8-Mittelmotor mit 90° Zylinderwinkel (DOHC), Hubraum: 4499 cm³, Bohrung x Hub: 94 x 82 mm, Leistung: 605 PS bei 9000/min
- **Länge/Breite/Höhe:**
  452,7 x 193,7 x 121,1 cm
- **Radstand/Spurbreite:**
  265 x 167,9 x 163,2 cm
- **Gewicht:**
  1476 kg
- **Fahrleistung:**
  325 km/h, 3,0 sec von 0 – 100 km/h
- **Produktion:**
  6 Exemplare (2015)

Ironie des Schicksals: Ausgerechnet 2013 enthüllt Ferrari mit großem Aufwand den LaFerrari – das erste Auto der Marke, dessen Design nicht von Pininfarina stammt. Am anderen Ende des Genfer Salons präsentiert Pininfarina eine seiner schönsten Studien auf einer technischen Basis von Ferrari – den »Sergio«. Sein von einer prägnanten Seitenlinie dominiertes Design ist rein und klar. Pininfarina reagiert damit auf zeitgenössische Designtrends, die sich an einem barocken, mit Ornamenten überladenen Stil orientieren. Zu dieser Zeit leitet Fabio Filippini das Design bei Pininfarina. Geboren 1963 in Vercelli im Piemont, Absolvent der Kunsthochschule Turin und der Fakultät für Architektur an der Polytechnischen Hochschule in Mailand, hatte Fabio Filippini für Renault (1993) und für Volkswagen in Sitges gearbeitet (1997) bevor er ab 2000 erneut zu Renault ging, um deren Pariser Studio zu leiten. Von 2011 bis 2018 überwacht Filippini die Kreativität bei Pininfarina, um als brillanter Designer die Studie des Sergio und seine Anpassung für eine kommerzielle Nutzung umzusetzen. Hierzu muss er an internationale Bestimmungen angepasst und vor allem mit einer Windschutzscheibe ausgerüstet werden.

Für das Design des Ferrari Sergio verantwortlich: Fabio Filippini.

Eine ehrwürdige Hommage an Sergio Pininfarina.

ASTON MARTIN VULCAN

Genf, März 2015

Wie seine wichtigsten Mitbewerber bietet auch Aston Martin ein Modell in limitierter Auflage an, das ausschließlich bei Track-Days eingesetzt werden kann. Der Vulcan weist eine Carbon-Fahrgastzelle, ein sequenzielles Sechsganggetriebe, Carbon-Keramik-Bremsen und vor allem ein aggressives Styling auf. Der hinter der Vorderachse platzierte V12-Saugmotor mit sieben Litern Hubraum produziert 831 PS.

Sein Name erinnert an den von 1956 bis 1984 bei der britischen Royal Air Force eingesetzten strategischen Bomber Avro 698 Vulcan, der durch den Film *James Bond 007 – Feuerball* weltbekannt wurde.

- **Motor:**
  V12-Frontmotor mit 60° Zylinderwinkel (DOHC, 4 Ventile), Hubraum: 6999 cm³, Leistung: 831 PS
- **Länge/Breite/Höhe:**
  480,7 x 206,3 x 123,5 cm
- **Gewicht:**
  1350 kg
- **Fahrleistung:**
  355 km/h, 2,7 sec von 0 – 100 km/h
- **Produktion:**
  24 Exemplare (2015 – 2016)

Augenzwinkernde Einblicke in die Welt der Luftfahrt.

FERRARI F60 AMERICA

Beverly Hills, Oktober 2014

Das limitierte Sondermodell F60 America ist ausschließlich für den amerikanischen Markt bestimmt.

Zur Feier des 60. Jahrestags von Ferraris Präsenz auf dem US-Markt reisen die wichtigsten Vertreter aus Maranello nach Kalifornien. Aus diesem Anlass wird ein offenes Sondermodell auf Basis des seit 2012 angebotenen Coupés F12 vorgestellt. Alle zehn Fahrzeuge sind in dem für Rennwagen des North American Racing Teams (NART) typischen Metallic-Blau lackiert.

- **Motor:**
  V12-Mittelmotor mit 65° Zylinderwinkel (DOHC, 4 Ventile), Hubraum: 6262 cm³, Bohrung x Hub: 94 x 75,2 mm, Leistung: 740 PS bei 8500/min
- **Länge/Breite/Höhe:**
  461,8 x 194,2 x 127,3 cm
- **Radstand/Spurbreite:**
  271,8 x 165,9 x 160 cm
- **Gewicht:**
  1630 kg
- **Fahrleistung:**
  340 km/h, 3,1 sec von 0 – 100 km/h
- **Produktion:**
  10 Exemplare (2014)

VARIANTE

FERRARI F12 TRS

Syrakus, Juni 2014

Es handelt sich hierbei um eine Sonderbestellung eines amerikanischen Kunden, die Laune eines Sammlers, der sich eine Hommage an den legendären Rennwagen 250 Testa Rossa wünschte – und ein offenes und individualisiertes F12-Coupé bekommt (und vom Testa Rossa [Roter Zylinderkopf] die Initialen). Vorgestellt wird das erste Exemplar bei der von Ferrari in Sizilien organisierten Cavalcade.

Die drei gebauten F12 TRS sind individuelle Einzelstücke.

VARIANTE

FERRARI F12TDF

Mugello, November 2015

Diese Sonderversion des F12-Coupés ist eine Hommage an die Tour de France (für Automobile), bei der Ferrari zwischen 1956 und 1964 neun aufeinanderfolgende Siege mit 250 GT-Modellen erzielte – beim letzten Lauf mit dem 250 GTO. Der tdf unterscheidet sich vom Standard-F12 neben einem optimierten Motor und optischen Details vor allem durch die erstmals eingesetzte Allradlenkung.

- **Motor:** V12-Mittelmotor mit 65° Zylinderwinkel (DOHC, 4 Ventile), Hubraum: 6262 cm³, Bohrung x Hub: 94 x 75,2 mm, Leistung: 780 PS bei 8500/min
- **Länge/Breite/Höhe:** 465,6 x 196,1 x 127,3 cm
- **Radstand/Spurbreite:** 271,8 x 167,9 x 164,8 cm
- **Gewicht:** 1415 kg
- **Fahrleistung:** 340 km/h, 2,9 sec von 0 – 100 km/h
- **Produktion:** 799 Exemplare (2015 – 2017)

Der F12tdf erinnert an die Erfolge von Ferrari bei der Tour de France für Automobile.

Hommage an den belgischen Rennstall Écurie Francorchamps.

VARIANTE

FERRARI SP 275 RW

Maranello, Dezember 2016

Basierend auf dem F12-Coupé und ausgestattet mit dem Motor und dem Getriebe des F12 TDF ist diese Sonderedition inspiriert vom 275 GTB der Écurie Francorchamps. Der gelbe Lack war typisch für das belgische Rennteam.

Der einzige SP3JC ist in einer dubiosen Farbgebung gehalten.

VARIANTE

FERRARI SP3JC

Maranello, Dezember 2018

Für einen privilegierten Kunden entsteht auf Basis des F12tdf ein einziges Modell des SP3JC. Das deutlich veränderte Design der Karosserie wird durch ein Dekor mit gelben und blauen Akzenten auf weißem Untergrund hervorgehoben. Laut seines Besitzers ist die Gestaltung vom Pop-Art inspiriert. Technisch unterscheidet sich der SP3JC nicht vom F12tdf.

FORD GT

Detroit, Januar 2015

Der Ford GT von 2015 erinnert überhaupt nicht mehr an den GT40 aus den 1960er-Jahren.

Zwischen August 2004 und September 2006 bot Ford eine moderne Interpretation des GT40 an. Sie war zwar gut gemacht, hatte allerdings das Problem, dass das originale Ur-Design in einem deutlich vergrößerten Maßstab übernommen worden war. Die für 2016 angekündigte neue Generation zeigt dagegen einen modernen und schnittigen Stil, der nichts mehr mit seinem Urahn gemein hat. Die Karosserie besteht aus mit Aluminium verstärktem CFK. Angetrieben wird der neue GT von einem EcoBoost-V6-Motor mit 3,5 Liter Hubraum, der dank zwei Turboladern 656 PS mobilisiert. Produziert wird das Fahrzeug ab 2016 bei Multimatic Motorsports in Markham, Ontario, einem Unternehmen, das 1984 von George Howard-Chappell gegründet wurde. Die Rennversion wird in Greatworth Park in der englischen Grafschaft Northamptonshire vorbereitet.

- **Motor:**
  V6-Mittelmotor mit 60° Zylinderwinkel (DOHC, 4 Ventile), Biturbo, Hubraum: 3497 cm³, Bohrung x Hub: 92,5 x 86,7 mm, Leistung: 656 PS bei 6250/min
- **Länge/Breite/Höhe:**
  477,9 x 200,3/223,8 x 110,9 cm
- **Radstand/Spurbreite:**
  271 x 169,4 x 166,1 cm
- **Gewicht:**
  1385 kg
- **Fahrleistung:**
  348 km/h, 3,2 sec von 0 – 100 km/h
- **Produktion:**
  1350 Exemplare (2016 – 2022)

Nachdem sich die ursprünglich geplanten 1000 Exemplare gut verkauft hatten, willigte Ford ein, eine zusätzliche Tranche von 350 Stück aufzulegen, um die Nachfrage zu decken. Es werden mehrere »Heritage Edition«-Sonderserien produziert. Diese beziehen sich auf Ereignisse, die den GT40 in den 1960er Jahren prägten: die Siege bei den 24 Stunden von Le Mans 1968 und 1969 in der blau/orangen Gulf-Lackierung, den Triumph des Mark II Nr. 98 in Daytona (1966), die bei Alan Mann zusammengebauten roten Varianten, den allerersten weißer Prototyp mit marineblauer Motorhaube von 1964 und viele weitere in anderen stimmungsvollen Lackierungen.

Neben seiner kommerziellen Karriere kämpfte der Ford GT auf höchstem Niveau in der LMGTE-Klasse der Langstrecken-Weltmeisterschaft (WEC) sowie 2017 bis 2019 in den Farben von Chip Ganassi Racing in der WeatherTech Sportscar Championship.

Die Serienproduktion des Ford GT wird von Multimatic Motorsports in Ontario ausgeführt.

GLICKENHAUS SCG 003S

Genf, März 2015

James Glickenhaus ist eine besondere Persönlichkeit. Ein Außenseiter. Ein Unabhängiger. Er ist ein »Amateur« im besten Sinne des Wortes. Er stützt sich auf ein hübsches Vermögen, das er in den Filmproduktionen verdient und an der Wall Street vermehrt hat. Als Sammler besitzt er einen Lola T70 (Nr. SL71-32), einen Ford Mark IV (J6), einen Ferrari 166 Inter Spyder Corsa (004/C), der nachweislich der älteste noch existierende Ferrari ist, außerdem zwei 412 P (0846 und 0854) und schließlich den fantastischen 1970 von Pininfarina entworfenen Modulo.

James Glickenhaus steigert seine Leidenschaft für Ferrari, indem er Pininfarina 2006 eine moderne Interpretation des P4 realisieren lässt – den auf einem Enzo basierenden P4/5. Fünf Jahre später lässt er einen zweiten Wagen für die Rennstrecke bauen, diesmal auf Basis des Ferrari F430 GT2.

Das Beste aus zwei Welten findet sich in dieser italo-amerikanischen Kreation.

Im März 2015 stellte er seine erste komplette Eigenkreation unter dem Label Scuderia Cameron Glickenhaus vor, wobei Cameron der Vorname seiner Frau ist. Den SCG 003 gibt es als Rennwagen (003C) und als Straßenfahrzeug (003S). Das Chassis stammt von Podium Engineering. Mit dem Design wird das Büro Granstudio beauftragt, gegründet von Lowie Vermeersch, der von 2007 bis 2010 als Designchef bei Pininfarina tätig war. Angetrieben wird der SCG 003C von einem Honda HPD-Motor (3,5 Liter-Biturbo-V6 mit 600 PS), der von Autotecnica Motori optimiert ist. Bei der ab März 2017 erhältlichen Stradale-Version (003S) kommt ein originaler BMW-Motor zum Einsatz. Die Herstellung erfolgt bei der Manifattura Automobili Torino (MAT), gegründet von Paolo Garella, einem weiteren ehemaligen Pininfarina-Mitarbeiter.

- **Motor:**
V8-Mittelmotor mit 90° Zylinderwinkel (DOHC, 4 Ventile), Biturbo, Hubraum: 4398 cm^3, Bohrung x Hub: 84 x 81,2 mm, Leistung: 700 PS
- **Länge/Breite/Höhe:**
481 x 199,4 x 110,8 cm
- **Radstand:**
270 cm
- **Gewicht:**
1300 kg
- **Fahrleistung:**
350 km/h, 3,0 sec von 0 – 100 km/h
- **Produktion:**
nicht bekannt (seit 2016)

W MOTORS LYKAN HYPERSPORT

Shanghai, April 2015

War schon vor der Vermarktung Kinostar: der Lykan HyperSport.

Der im Juli 2012 in Beirut angekündigte und ein Jahr später in Dubai offiziell vorgestellte Supersportwagen wird einem breiten Publikum durch den Film *Fast & Furious 7* bekannt gemacht und anschließend auf der Automesse in Shanghai präsentiert. W Motors mit Sitz in Dubai wird von Ralph R. Debbas geleitet; Anthony Jannarelly fungiert als Designdirektor. Die Lykan Hypersport leiht sich einige technische Komponenten aus dem Ruf CTR3, der seinerseits auf Porsche-Technik basiert. Der Sechszylinder-Boxermotor kann mit einem sequenziellen Sechsganggetriebe oder einem Siebengang-Doppelkupplungsgetriebe gekoppelt werden. Die scharfkantige Karosserie ist aus CFK gefertigt. Als Rechtfertigung für den rekordverdächtigen Verkaufspreis von 3,4 Millionen US-Dollar wirbt der Lykan mit einer hohen Performance und ebensolcher Exklusivität.

- **Motor:**
  Sechszylinder-Boxer-Mittelmotor (DOHC, 4 Ventile), Biturbo, Hubraum: 3746 cm³, Bohrung x Hub: 102 x 76,4 mm, Leistung: 791 PS bei 7100/min
- **Länge/Breite/Höhe:**
  448 x 194,4 x 117 cm
- **Radstand:**
  262,5 cm
- **Gewicht:**
  1380 kg
- **Fahrleistung:**
  385 km/h, 2,8 sec von 0 – 100 km/h
- **Produktion:**
  7 Exemplare (2015 – 2016)

APOLLO ARROW

Genf, März 2016

Eines der vielen totgeborenen Projekte in der Welt der Supersportwagen.

Der speziell für das Ferrari-Jubiläum in Japan entworfene J50.

Dieser in Genf enthüllte Prototyp entstand aus der Kombination mehrerer Abenteuer, die einige Glanzleistungen und viele Misserfolge in sich vereinten. Zuerst kaufte der in Hongkong ansässige Investmentfonds TeamVenture die Überreste der Marke Gumpert und benannte sie in »Apollo Automobil GmbH« um. Der gleiche Fonds kaufte auch De Tomaso auf und verdrängte Roland Gumpert sehr bald aus dem Unternehmen.

Der mittig in einem Rohrrahmen aufgehängte V8-Motor von Audi ist mit einem sequenziellen Siebenganggetriebe gekoppelt. Der amerikanische Kampfjet F-22 Raptor soll das Styling inspiriert haben, was man angesichts seiner aggressiven Optik gern glauben möchte. Im Juli 2016 gibt die Scuderia Cameron Glickenhaus ihre Beteiligung an der Entwicklung des Apollo Arrow bekannt, der sich in Zukunft die technische Basis mit dem SCG 003 S teilen soll. Letztendlich lösen sich all diese vollmundigen Ankündigungen jedoch nach und nach in Luft auf.

- **Motor:**
  V8-Mittelmotor mit 90° Zylinderwinkel (DOHC, 4 Ventile), Biturbo, Hubraum: 3993 cm3, Leistung: 1000 PS
- **Länge/Breite/Höhe:**
  489 x 199,2 x 122,4 cm
- **Radstand:**
  270 cm
- **Gewicht:**
  < 1300 kg
- **Fahrleistung:**
  360 km/h, 2,9 sec von 0 – 100 km/h
- **Produktion:**
  nicht bekannt

FERRARI J50

Tokio, Dezember 2016

Ferrari wählt eine außergewöhnliche Kulisse, um mit großem Pomp den 50. Jahrestag seiner Präsenz in Japan zu feiern. Im Herzen Tokios findet eine großartige Veranstaltung im National Art Center statt, einem glitzernden Gebäude, das 2007 von Kishō Kurokawa errichtet wurde. Für diesen Anlass entwickelt Ferrari ein spezielles Modell mit dem naheliegenden Namen »J50« – zwar mit einem eigenen Stil (von Flavio Manzoni), aber auf der technischen Basis des 488 Spider (mit 20 PS Mehrleistung).

- **Motor:**
V8-Mittelmotor mit 90° Zylinderwinkel (DOHC, 4 Ventile), Biturbo, Hubraum: 3902 cm³, Bohrung x Hub: 86,5 x 83 mm, Leistung: 690 PS bei 8100/min
- **Länge/Breite/Höhe:**
457 x 195 x 121 cm
- **Radstand/Spurbreite:**
265 x 168 x 165 cm
- **Gewicht:**
1450 kg
- **Fahrleistung:**
323 km/h, 3,0 sec von 0 – 100 km/h
- **Produktion:**
10 Exemplare (2016 – 2017)

LAMBORGHINI CENTENARIO

Sant'Agata Bolognese, März 2016

Zur Feier des 100. Geburtstages des Firmengründers Ferruccio Lamborghini werden zwei Sonderserien des Aventador in limitierter Auflage verkauft. Noch spektakulärer als das schon nicht langweilige Originalmodell zeichnet sich der Centenario durch seinen eigenen Stil aus: Die Flanke wird vorne von einem tiefen Entlüftungsschlitz und hinten von einem pfeilförmigen Lufteinlass gespalten. Das auf 20 Exemplare limitierte Coupé wird für 1,75 Mio. Euro (ohne Steuern) angeboten.

- **Motor:**
  V12-Mittelmotor mit 60° Zylinderwinkel (DOHC, 4 Ventile), Hubraum: 6498 cm³, Bohrung x Hub: 95 x 76,4 mm, Leistung: 770 PS bei 8600/min
- **Länge/Breite/Höhe:**
  492,4 x 206,2 x 114,3 cm
- **Radstand:**
  270 cm
- **Gewicht:**
  1520 kg
- **Fahrleistung:**
  350 km/h, 2,8 sec von 0 – 100 km/h
- **Produktion:**
  20 Exemplare (2016 – 2017)

Die unvermeidliche Hommage an den 100. Geburtstag von Ferruccio Lamborghini.

LAMBORGHINI CENTENARIO ROADSTER

Carmel, August 2016

Fünf Monate nach dem Centenario Coupé wird in der Sonne Kaliforniens am Rande des Pebble Beach Concours d'Elegance die Roadster-Variante vorgestellt. Um das ebenfalls auf 20 Exemplare limitierte Modell erwerben zu können, müssen 2 Mio. Euro (ohne Steuern) geboten werden.

- **Motor:**
V12-Mittelmotor mit 60° Zylinderwinkel (DOHC, 4 Ventile), Hubraum: 6498 cm³, Bohrung x Hub: 95 x 76,4 mm, Leistung: 770 PS bei 8600/min
- **Länge/Breite/Höhe:**
492,4 x 206,1 x 115,8 cm
- **Radstand:**
270 cm
- **Gewicht:**
1570 kg
- **Fahrleistung:**
350 km/h, 2,2 sec von 0 – 100 km/h
- **Produktion:**
20 Exemplare (2016 – 2017))

Der Lamborghini Centenario in der Frischluft-Version.

ASTON MARTIN VANQUISH ZAGATO

Cernobbio, Mai 2016

Die Zusammenarbeit zwischen Aston Martin und Zagato bringt ein neues, atemberaubendes Ensemble hervor, das auf der technischen Basis des Vanquish entwickelt wurde. Die markanteren Kotflügel, der breitere Kühlergrill und die vertiefte Flanke verstärken die Aggressivität des Designs. Nacheinander werden vier Karosseriearten vorgestellt:

– Das erste beim Concours d'Elegance an der Villa d'Este am Comer See im Mai 2016 gezeigte Modell ist das Vanquish Zagato Coupé. Dank seines Dachs mit doppelter Auswölbung befriedigt es die Fetischisten des Karosseriebauers, der diese »Double Bubble« bereits in den 1950er Jahren häufig aufgriff. 99 Exemplare dieser Version sollen gebaut werden.

– Der Roadster Vanquish Zagato Volante erblickt drei Monate später beim Pebble Beach Concours d'Elegance in Kalifornien das Licht der Welt. Auch hiervon sind 99 Exemplare geplant.

– Der Vanquish Zagato Speedster – radikaler und sportlicher als der Volante – zeichnet sich durch die hinter den Kopfstützen nach hinten auslaufenden Profilierungen aus und wird ein Jahr nach dem Volante ebenfalls in Pebble Beach präsentiert. Hiervon werden lediglich 28 Fahrzeuge gebaut.

– Der Vanquish Zagato Shooting Brake erscheint zusammen mit dem Speedster. Mit seinem höheren Fließheck ist er eine offene Anspielung auf die Steilheck-Coupés, die in den 1960er Jahren als Einzelstücke auf Basis des DB 5 und des DB 6 gebaut wurden. Neben den produzierten zwölf (DB5) bzw. sieben Exemplaren (DB6) erschienen die 99 neuen Shooting Brakes schon fast als Massenware.

Die Vanquish-Zagato-Palette umfasst vier Versionen; von links nach rechts: Coupé, Volante und Speedster; im Vordergrund der Shooting Brake.

Der Shooting Brake erinnert an die gleichnamigen Modelle aus den 1960er-Jahren.

–

Der Speedster ist die seltenste Version des Vanquish-Zagato-Programms.

- **Motor:**
V12-Frontmotor mit 60° Zylinderwinkel (DOHC, 4 Ventile), Hubraum: 5935 cm³, Bohrung x Hub: 89 x 79,5 mm, Leistung: 595 PS
- **Länge/Breite/Höhe:**
473 x 191 x 129,5 cm
- **Radstand/Spurbreite:**
274 x 159 x 159 cm
- **Gewicht:**
1814 – 1919 kg
- **Fahrleistung:**
320 km/h, 3,5 – 3,7 sec von 0 – 100 km/h
- **Produktion:**
325 Exemplare (2016 – 2019), davon je 99 Coupés, Volantes und Shooting Brakes sowie 28 Speedster

BUGATTI CHIRON

Genf, März 2016

Der Bugatti Chiron in der endgültigen Form vom März 2016.

Auf der IAA in Frankfurt hatte Bugatti 2015 das Konzeptfahrzeug Vision Gran Turismo vorgestellt. Offiziell wurde das Fahrzeug als Vorschlag für das Videospiel *Gran Turismo Sport* entwickelt – ein übliches Vorgehen vieler Hersteller. Es gab jedoch keine Zweifel, dass dieses Modell der Vorgeschmack auf den Nachfolger des Bugatti Veyron sein würde.

Sechs Monate später wird bestätigt, dass aus der Vision Gran Turismo der Chiron geworden ist. Er behält bis auf wenige Details den entschieden spektakulären Stil bei, wobei das Hauptmotiv ein großzügiger Bogen ist, der weit ausholend die Flanke und das Cockpit umgreift.

- **Motor:** W16-Mittelmotor (Doppel-VR8) mit 90/15° Zylinderwinkel (DOHC, 4 Ventile), 4 Turbolader, Hubraum: 7993 cm³, Bohrung x Hub: 86 x 86 mm, Leistung: 1500 PS bei 6700/min
- **Länge/Breite/Höhe:** 454,4 x 203,8 x 121,2 cm
- **Radstand/Spurbreite:** 271 x 174,9 x 166,1 cm
- **Gewicht:** 1920 kg
- **Fahrleistung:** 420 km/h, 2,5 sec von 0 – 100 km/h
- **Produktion:** 500 Exemplare geplant (alle Versionen – seit 2016)

Vom gewaltigen W16-Motor bis zum provokativen Stil ist am Chiron alles exorbitant.

Achim Anscheid ist bis 2023 für das Bugatti-Design verantwortlich.

Unter Beibehaltung der alten Leitlinien wurde der gesamte technische Bereich des Veyron verbessert. Die Steifigkeit des Monocoques wurde weiter optimiert und das Fahrwerk passt sich nun mit fünf Fahrmodi an. Eine neue Präsentation des Chiron, den man zur Markteinführung in zwei Blautönen lackiert, findet im September 2016 am Rande des Pariser Automobilsalons in einer symbolischen Kulisse statt: Statt auf der Messe wird der Bugatti bereits am Vorabend der Eröffnung während einer vom Volkswagenkonzern organisierten Party in der von Frank Gehry errichteten Privatmuseum *Fondation Louis Vuitton* im Bois de Boulogne vorgestellt.

Wie beim Veyron wird auch beim nach dem einst mit Bugatti startenden monegassischen Rennfahrer Louis Chiron (1899 – 1979) benannten Nachfolger die Stückzahl auf 500 Exemplare festgelegt – darunter mehrere Spezialvarianten.

Das erste Exemplar des Chiron ist eine Hommage an das früher bei Rennwagen verwendete *Bleu de France*.

VARIANTE

BUGATTI CHIRON SPORT

Genf, März 2018

- **Motor:**
W16-Mittelmotor (Doppel-VR8) mit 90/15° Zylinderwinkel (DOHC, 4 Ventile), 4 Turbolader, Hubraum: 7993 cm³, Bohrung x Hub: 86 x 86 mm, Leistung: 1500 PS bei 6700/min
- **Länge/Breite/Höhe:**
454,4 x 203,8 x 121,2 cm
- **Radstand/Spurbreite:**
271 x 174,9 x 166,1 cm
- **Gewicht:**
1902 kg
- **Fahrleistung:**
420 km/h, 2,5 sec von 0 – 100 km/h
- **Produktion:**
nicht bekannt, da in der Gesamtproduktion von 500 Exemplaren enthalten (seit 2016)

Ein erster Ableger des Chiron kommt zwei Jahre nach dessen Premiere auf den Markt. Diese »Sport«-Variante ist vor allem dank neuer Räder 18 kg leichter als das »Basismodell«. Im Innenbereich kommt neben Carbon, Leder und Alcantara schwarz eloxiertes Aluminium für einige Bedienelemente zum Einsatz. Ein Modus zur Steuerung der Stoßdämpfer bringt eine straffere Federung, die in Kurven für mehr Agilität sorgt. Der Motor bleibt jedoch unverändert, da die 1500 PS für die meisten Nutzer ausreichen sollten.

Bugatti bringt verschiedene Sondereditionen. Im März 2019 werden zur Feier von Bugattis 110. Geburtstags 20 Exemplare mit einigen *Tricolore*-Akzenten auf einem in *Steel Blue* gehaltenen Hintergrund am Heckspoiler und auf den Rückspiegeln gebaut.

Der Chiron Sport lockte mit dynamischerem Fahrverhalten.

Im Februar 2020 entsteht das 250. Exemplar des Chiron. Es handelt sich um eines der 20 Sondermodelle »Édition Noire« (Schwarze Edition). Im November 2020 bietet Bugatti eine weitere Sonderedition von 20 Exemplaren auf Basis des Chiron Sport unter dem Motto »Legenden des Himmels« an, um Asse der Luftfahrt zu feiern. Die Chiron-Serie wird mit drei »L'Ébé«-Exemplaren abgeschlossen: einem normalen Chiron und zwei Chiron Sport, deren Art Déco-Anklänge an Ettore Bugattis 1903 geborene Tochter erinnern sollen.

VARIANTE

BUGATTI CHIRON SUPER SPORT 300+

Molsheim, September 2019

- **Motor:**
W16-Mittelmotor (Doppel-VR8) mit 90/15° Zylinderwinkel (DOHC, 4 Ventile), 4 Turbolader, Hubraum: 7993 cm³, Bohrung x Hub: 86 x 86 mm, Leistung: 1600 PS bei 7050/min
- **Länge/Breite/Höhe:**
477,3 x 218,3 x 121,2 cm
- **Radstand/Spurbreite:**
271 x 174,9 x 166,1 cm
- **Gewicht:**
1920 kg
- **Fahrleistung:**
440 km/h, 2,5 sec von 0 – 100 km/h
- **Produktion:**
30 Exemplare, in der Gesamtproduktion von 500 Exemplaren enthalten (2019 – 2022)

Im August 2019 erreicht ein mit einem längeren Heck sowie akribisch optimierten Luftauslässen präparierter Chiron auf der VW-Teststrecke in Ehra-Lessien eine Geschwindigkeit von 482,8 km/h. Zur Feier dieses Geschwindigkeitsrekords wird eine Kleinserie namens Super Sport 300+ aufgelegt, die sich auch dank ihrer schwarzen Lackierung mit orangefarbenen Linien hervorhebt. Das letzte Exemplar des Chiron Super Sport 300+ wird im Juli 2022 zum Preis von 3,5 Millionen Euro ausgeliefert und beendet die Produktion der Sonderserie.

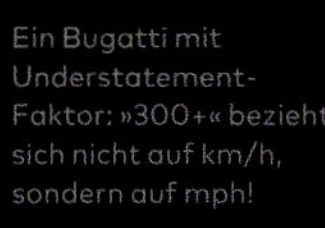

Ein Bugatti mit Understatement-Faktor: »300+« bezieht sich nicht auf km/h, sondern auf mph!

VARIANTE

BUGATTI CHIRON PUR SPORT

Molsheim, September 2020

Eine Chiron-Variante mit sehr prägnantem Charakter.

Dieses Modell zeigt einen Chiron mit verschärftem Charakter. Die mit 1500 PS gleichbleibende Motorleistung wird erst bei 6.900/min erreicht – 200 Umdrehungen mehr als beim »Standardmodell«. Das Getriebe ist mit einer verkürzten Untersetzung entsprechend angepasst. Der Pur Sport erhält Michelin-Sport-Cup-2-R-Reifen, einen negativen Sturz und straffere adaptive Aufhängungen. Ein »Sport +«-Modus wird hinzugefügt und das Gewicht um 50 kg reduziert. Der Pur Sport ist schneller in Kurven und hat einen besseren Durchzug (2,4 Sekunden von 80 auf 120 km/h), verliert aber 70 km/h an Höchstgeschwindigkeit. Die Leistung hat einen ökologischen Ballast: 22,5 Liter Super Plus auf 100 km und 516 g CO2-Emission pro Kilometer – bei normgerechter Fahrweise! 60 der 500 Chiron werden in der »Pur Sport«-Variante ausgeliefert.

- **Motor:**
W16-Mittelmotor (Doppel-VR8) mit 90/15° Zylinderwinkel (DOHC, 4 Ventile), 4 Turbolader, Hubraum: 7993 cm³, Bohrung x Hub: 86 x 86 mm, Leistung: 1500 PS bei 6900/min
- **Länge/Breite/Höhe:**
454,4 x 203,8 x 121,2 cm
- **Radstand/Spurbreite:**
271 x 174,9 x 166,1 cm
- **Gewicht:**
1945 kgg
- **Fahrleistung:**
350 km/h, 2,5 sec von 0 – 100 km/h
- **Produktion:**
60 Exemplare, in der Gesamtproduktion von 500 Exemplaren enthalten (seit 2020)

VARIANTE

BUGATTI CHIRON SUPER SPORT

Mailand, Juni 2021

Auf der Milano Monza Motor Show 2021 präsentiert Bugatti den Super Sport – mit der die gleichen Leistungen wie der Super Sport 300+, aber in anderen Lackierungen, und natürlich erfüllt die »Maßschneiderei« alle Kundenwünsche. So wird der erste im April 2022 ausgelieferte Super Sport mit einem »Lichtwellen«-Dekor versehen, das aus horizontalen orangefarbenen Linien (arancia mira) auf einem blauen »Kalifornia«-Hintergrund besteht. Der Preis des Super Sport liegt bei 3,2 Mio. Euro (ohne Steuern).

Das Heck des Super Sport ist zur Verbesserung der Höchstgeschwindigkeit um 23 cm verlängert.

- **Motor:**
W16-Mittelmotor (Doppel-VR8) mit 90/15° Zylinderwinkel (DOHC, 4 Ventile), 4 Turbolader, Hubraum: 7993 cm³, Bohrung x Hub: 86 x 86 mm, Leistung: 1600 PS bei 7050/min
- **Länge/Breite/Höhe:**
477,3 x 218,3 x 121,2 cm
- **Radstand/Spurbreite:**
271 x 174,9 x 166,2 cm
- **Gewicht:**
1995 kg
- **Fahrleistung:**
440 km/h, 2,4 sec von 0 – 100 km/h
- **Produktion:**
30 Exemplare, in der Gesamtproduktion von 500 Exemplaren enthalten (2021 – 2022)

VARIANTE

BUGATTI CHIRON PROFILÉE

Paris, Februar 2023

Diese Ausführung des Chiron Pure Sport ist weniger radikal als das bereits bekannte Modell. Sie hat einen festen Heckspoiler, der den Abtrieb verbessern soll. An der Front hat der Chiron Profilée vergrößerte Lufteinlässe, außerdem laufen die Enden des Kühlergrill-Hufeisens unten parallel aus. Das Fahrwerk ist mit neuen Sturzwinkeln und härteren Federn entsprechend angepasst. Der Profilée hat eine in der exklusiven Farbe »Atlantiksilber« lackierte Karosserie. Innen ist er auf dem Armaturenbrett, den Türverkleidungen und der Mittelkonsole mit gewebtem Leder ausgestattet. Der einzige gebaute Profilée (Fahrgestellnummer 795004) wird nach der Fertigstellung im Februar 2023 von Sotheby's in Paris für 9.792.500 Euro versteigert.

- **Motor:**
  W16-Mittelmotor (Doppel-VR8) mit 90/15° Zylinderwinkel (DOHC, 4 Ventile), 4 Turbolader, Hubraum: 7993 cm³, Bohrung x Hub: 86 x 86 mm, Leistung: 1500 PS bei 6900/min
- **Länge/Breite/Höhe:**
  454,4 x 203,8 x 121,2 cm
- **Radstand/Spurbreite:**
  271 x 174,9 x 166,1 cm
- **Gewicht:**
  1945 kg
- **Fahrleistung:**
  380 km/h, 2,3 sec von 0 – 100 km/h
- **Produktion:**
  1 Exemplar, in der Gesamtproduktion von 500 Exemplaren enthalten (seit 2023)

Der Chiron Profilée wird in seiner Art einzigartig bleiben.

TECHRULES TREV

Genf, 2016

Auf dem Genfer Salon 2016 zeigte das bei Peking ansässige Designbüro Techrules, ein Tochterunternehmen des Luftfahrtkonzerns TXR-S, sein erstes Projekt: das mit einem Elektroantrieb und einer Turbine als Range-Extender ausgestattete Coupé AT96/GT96. Die Kürzel AT und GT weisen darauf hin, ob die Turbine mit verschiedenen Kraftstoffen (von Erdgas bis Kerosin) oder mit Benzin betrieben werden kann.

Techrules präsentiert 2016 den Prototyp des Trev AT96/GT96.

EVOLUTION

TECHRULES REN

Genf, 2017

Im August 2017 gibt Techrules die Zusammenarbeit mit dem Studio GFG (für das Design) und L.M. Gianetti (für die Technik) bekannt. »GFG« steht seit 2015 für Giorgetto und Fabrizio Giugiaro, Vater und Sohn des 1968 gegründeten Stylingstudios namens Italdesign, das kurz zuvor vollständig an den VW-Konzern verkauft wurde.

Im März 2017 ist als Resultat aus der Partnerschaft zwischen GFG und Techrules der Supersportwagen Ren mit zentralem Fahrersitz (und drei Sitzplätzen) zu besichtigen, der sich völlig vom TREV aus dem Vorjahr unterscheidet. Ein Jahr später erhält das Auto einen neuen Spoiler, einen Frontdiffusor und durchbrochene Abdeckungen. Bei Tests in Spa-Francorchamps und auf dem Hochgeschwindigkeitskurs in Monza liefert der Ren gute Ergebnisse, doch seitdem ist es ruhig um ihn geworden.

Die zweite von GFG realisierte Version des Techrules Ren von 2017.

- **Motor:**
  6 Elektromotoren + eine Diesel-Turbine – Gesamtleistung: 1305 PS
- **Länge/Breite/Höhe:**
  464,8 x 203,4 x 114 cm
- **Radstand:**
  272,4 cm
- **Gewicht:**
  1630 kg
- **Fahrleistung:**
  320 km/h, 2,5 sec von 0 – 100 km/h
- **Produktion:**
  25 Exemplare (geplant – seit 2018)

ASPARK OWL

Frankfurt, September 2017

Der Aspark Owl wird 2018 auch auf dem Pariser Salon präsentiert.

- **Motor:**
4 Elektromotoren – Gesamtleistung: 1150 PS (Prototyp) bis 1980 PS
- **Länge/Breite/Höhe:**
479,1 x 191,4 x 91 cm
- **Radstand:**
275 cm
- **Gewicht:**
2000 kg
- **Fahrleistung:**
413 km/h, 1,9 sec von 0 – 100 km/h
- **Produktion:**
50 Exemplare (geplant – seit 2018)

Der zuerst in Frankfurt enthüllte und dann 2018 in Paris in einer optimierten Version präsentierte Sportcoupé namens Owl (Eule) verdeutlicht die Fähigkeiten eines Elektro-Supersportwagens. Der in Tokio beheimatete und von Masanori Yoshida geleitete Mischkonzern Aspark Co. Ltd. verspricht phänomenale Fahrleistungen. Der italienisch-japanische Supersportwagen taucht 2019 in Dubai wieder auf und macht 2020 auf der Rennstrecke von Misano auf sich aufmerksam, wo er sich den Weltrekord in der Beschleunigung sichert, indem er aus dem Stand in nur 1,69 Sekunden auf 100 km/h beschleunigt. Im September 2020 setzt der Aspark Owl seine Testfahrten auf der Rennstrecke Paul Ricard fort. Die Vermarktung wird mit der Ankündigung des Aufbaus eines Vertriebsnetzes konkreter. Der Verkaufspreis soll bei 4,2 Mio. Euro liegen. Mit der Produktion des Aspark Owl wird die Manifattura Automobili Torino (MAT) beauftragt, die bereits an den Projekten SCG 003 S von Glickenhaus, Apollo Intensa Emozione oder De Tomaso P72 beteiligt wurde.

NIO EP9

London, November 2016

Die von William Li gegründeten Start-up-Unternehmen NextEV und Nio haben große Ambitionen. In der Formel-E-Meisterschaft ist NextEV seit 2014 aktiv. Zwei Jahre später werden die Aktivitäten um die Entwicklung eines Supersportwagens erweitert, der bereits nach 18 Monaten sehr ausgereift erscheint. Nach seiner sehr »prominenten« Präsentation in der Londoner Saatchi Gallery sammelt der Nio EP9 in den Händen von Peter Dumbreck auf dem Nürburgring, in Le Castellet und in Austin Geschwindigkeitsrekorde für Elektrofahrzeuge ein.

- **Motor:**
  4 Elektromotoren (einen für jedes Rad) – Gesamtleistung: 1341 PS
- **Länge/Breite/Höhe:**
  488,8 x 223 x 115 cm
- **Gewicht:**
  1735 kg
- **Fahrleistung:**
  313 km/h, 2,5 sec von 0 – 100 km/h
- **Produktion:**
  16 Exemplare (seit 2016)

Kündigt die Ernsthaftigkeit der Nio-Entwicklungsabteilung an: der EP9.

In Europa wird ein starkes Team aufgebaut. Das Designzentrum in München wird von Kris Tomasson geleitet, der für Ford im Studio Ingeni gearbeitet hat. Unterstützt wird er von David Hilton (ehemals Bentley) für das Exterieur und Jochen Paesen (ehemals BMW) für die Innenausstattung. Dies sind allesamt Garantien für eine seriöse Studie.

Die ersten sechs Exemplare des Nio EP9 werden an die Investoren von NextEV verkauft, zehn weitere Modelle für 1,2 Mio. Dollar auf dem Markt angeboten.

A.T.S. GT

Woodstock, September 2017

Eine verschwundene Marke wieder aufleben zu lassen, ist bei Enthusiasten ein immer wiederkehrender Wunsch. Einige der wiederbelebten Labels sind allseits bekannte Legenden, während andere nur von einer Handvoll Eingeweihter verehrt werden – und hierzu gehört A.T.S. Die Firma Automobili Turismo Sport S.p.A. wurde im November 1962 von Giorgio Billi und Jaime Ortiz-Patiño gegründet, die zuvor an der Automobili Serenissima S.p.A. beteiligt gewesen waren. Dabei war auch Carlo Chiti, einer der acht ehemaligen Ferrari-Mitarbeiter, die nach einem heftigen Streit mit dem Commendatore die Rennwagenschmiede aus Maranello verlassen mussten. Sowohl das Formel-1-Programm als auch das GT-Wagen-Projekt wurden bereits nach zwei Jahren beendet und die Firma geschlossen.

Nach 47 Jahren inspiriert die Marke die beiden Enthusiasten Daniele Maritan und Emanuele Bomboi dazu, im November 2011 die Firma A.T.S. in Piemont neu zu gründen. Man will eine moderne Umsetzung des ATS 2500 GT aus dem Jahr 1963 schaffen, ein avantgardistisches Coupé mit Mittelmotor und einem von Franco Scaglione gezeichneten Design. Bomboi hatte bereits den Willys W 380 Berlinetta für Viotti gestaltet. Ein erster Prototyp wird im April 2015 diskret auf der Top-Marques-Messe in Monaco vorgestellt, während eine ausgereiftere Version zwei Jahre später auf dem exklusiven Salon Privé Concours im Park des Blenheim Palace in der Nähe von Oxford und dann im Dezember 2017 auf der Bologna-Messe präsentiert wird. Das offizielle Debüt findet im September 2018 in Monterey statt.

Die technische Basis stammt samt Chassis, Antriebsstrang und Fahrmodi-Programm vom McLaren 650 S. A.T.S. will vom neuen GT nicht mehr Autos bauen, als von 1963 bis 1964 vom A.T.S. 2500 GT entstanden: zwölf Stück. Der Preis liegt bei 1,15 Mio. Dollar.

- **Motor:**
  V8-Mittelmotor mit 90° Zylinderwinkel (DOHC, 4 Ventile), Biturbo, Hubraum: 3799 cm³, Bohrung x Hub: 93 x 69,9 mm, Leistung: 730 bis 830 PS (mit Corsa-Paket) bei 7250/min
- **Länge/Breite/Höhe:**
  470 x 196 x 121 cm
- **Radstand/Spurbreite:**
  267 x 165,5 x 158,3 cm
- **Gewicht:**
  1300 kg
- **Fahrleistung:**
  330 km/h, 3,0 sec von 0 – 100 km/h
- **Produktion:**
  12 Exemplare (seit 2018)

Der ATS GT in der fabelhaften Kulisse der Turiner Lingotto-Fabrik.

FITTIPALDI EF7

Genf, März 2017

Emerson Fittipaldi ist ein brasilianischer Rennfahrer, der in den 1970er Jahren zweimal Formel-1-Weltmeister wurde: 1972 mit Lotus und 1974 mit McLaren. 2017 schließt er sich im Alter von 59 Jahren mit dem Karosseriebauer Pininfarina zusammen, um unter dem Banner von Fittipaldi Motors LLC ein eigenes Automobil auf den Markt zu bringen. Der flache und leichte EF7 basiert auf einem Chassis samt Karosserie aus CFK sowie einem V8-Motor der AMG-Tochter HMA. Es sind 39 Fahrzeuge für den privaten Einsatz auf Rennstrecken geplant – die Stückzahl soll an die Anzahl von Fittipaldis Siegen in der Formel 1 und in Indianapolis erinnern.

Weil die Finanzierung niemals gesichert ist, muss später wieder einmal die Covid-19-Pandemie als Schuldige für alle Übel, alle Verzichte, alle verpassten Gelegenheiten und alle Rückschläge, die viele schlecht durchdachte Projekte erleiden, herhalten. Der Vorhang fällt für den EF7 allerdings schon im März 2019 – ein Jahr vor dem weltweiten Lockdown.

- **Motor:**
  V8-Mittelmotor mit 90° Zylinderwinkel (DOHC, 4 Ventile), Hubraum: 4,8 Liter, Leistung: 600 PS bei 8250/min
- **Länge/Breite/Höhe:**
  460 x 198 x 122,5 cm
- **Radstand/Spurbreite:**
  270 x 166,9 x 162,6 cm
- **Gewicht:**
  1000 kg
- **Fahrleistung:**
  nicht bekannt
- **Produktion:**
  39 Exemplare (geplant, aber niemals realisiert)

Das Ergebnis aus der Zusammenarbeit einer berühmten Carrozzeria und eines ehemaligen Formel-1-Weltmeisters.

ASTON MARTIN VALKYRIE

Genf, März 2017

Die Idee, einen modernen Supersportwagen mit zentral platziertem Motor zu entwickeln, der das Aston-Martin-Logo trägt, beginnt im Juli 2016 in Silverstone zu keimen. Am Rande des Großen Preises von Großbritannien enthüllt Aston Martin dort das Projekt AM-RB 001 (Aston Martin + Red Bull) – eine außergewöhnliche Maschine. Die Studie stammt vom brillanten Ingenieur Adrian Newey, der mehrere Formel-1-Rennwagen bei Williams, McLaren und Red Bull entworfen hatte. Aston Martin gibt zu diesem Zeitpunkt noch keine technischen Merkmale preis.

Im März 2017 wird der RB 001 auf dem Aston-Martin-Stand auf dem Genfer Salon in seiner endgültigen Form vorgestellt: Er wird »Valkyrie« heißen. Im Januar 2019 gibt der Hersteller weitere Details zu Individualisierungsmöglichkeiten im Rahmen des »Q by Aston Martin«-Programms bekannt, das bei der Auswahl von Zubehör, Farben und Materialien unendlich viele Lösungen bietet. Der Valkyrie profitiert auch von der »AMR Track Performance«-Technik, die eine Optimierung der Aerodynamik, der Radaufhängung (Magnesiumfelgen), des Fahrwerks und der Bremsen (Titanscheiben) beinhaltet.

- **Motor:**
V12-Mittelmotor mit 65° Zylinderwinkel (DOHC, 4 Ventile), Hubraum: 6499 cm3, Bohrung x Hub: 98 x 71,8 mm, Leistung: 1015 PS bei 10.600/min + Elektromotor mit 140 PS, Gesamtleistung: 1155 PS
- **Länge/Breite/Höhe:**
450,6 x 192 x 103 cm
- **Radstand:**
276,8 cm
- **Gewicht:**
1435 kg
- **Fahrleistung:**
335 km/h, 2,5 sec von 0 – 100 km/h
- **Produktion:**
150 Exemplare (seit 2021) + 85 Spider + 25 Valkyrie AMR Pro

Der Aston Martin Valkyrie ist das Endergebnis des Projekts AM-RB 001 aus dem Jahr 2016.

Dann beginnt Aston Martin auf dem Genfer Salon 2019 ein Feuerwerk aus vier Mittelmotor-Coupés zu zünden: Valkyrie (mattgrau), Valkyrie AMR Pro (neongrün), AM-RB003 (der zukünftige Valhalla, hellblau) und Vanquish Concept (mandelgrün). Alle haben den gleichen Grundaufbau und einen gemeinsamen Stil. Entwickelt werden sie unter der Leitung von Fraser Dunn, dem Chefingenieur für Advanced Operations, in enger Zusammenarbeit mit Red Bull Advanced Technologies. Ihr Styling wird von Design-Direktor Miles Nürnberger unter der Aufsicht von Marek Reichman, Vizepräsident und Kreativdirektor bei Aston Martin, erarbeitet. Während die Familienähnlichkeit gepflegt wird, deutet sich die Berufung jedes Wagens durch subtile Variationen an.

Für den Valkyrie hat Aston Martin einen Hybridantrieb mit einem von Cosworth hergestellten V12-Verbrennungsmotor mit über 1000 PS sowie einem elektrischen Antriebsstrang von Rimac, der zusätzliche 140 PS liefert, vorgesehen.

VARIANTE

ASTON MARTIN VALKYRIE AMR PRO

Genf, März 2018

Die Track-Day-Version AMR Pro Version nimmt sportliche Farben an: Er wird in der neonfarbenen, zwischen grün und gelb changierenden Lackierung der Aston Martin-Rennwagen präsentiert. Laut Hersteller ist »die Leistung der Fahrzeuge in der LMP1-Klasse würdig«. Die AMR Pro-Version muss aus Gewichtsgründen ohne Hybridantrieb auskommen, ihr Motor soll aber durch Feinabstimmungen nicht »nur« 1015 PS mobilisieren und das Fahrzeug auf über 400 km/h beschleunigen können. Die Produktion ist auf 25 Stück begrenzt.

VARIANTE

ASTON MARTIN VALKYRIE SPIDER

Carmel, August 2021

Nach den pandemiebedingten Verschiebungen wird 2021 der Concours d'Elegance im kalifornischen Pebble Beach wieder aufgenommen und erneut zum weltweiten Treffpunkt der Autofans. Aston Martin enthüllt dort den Valkyrie Spider, der mit einem versenkbaren Dach ausgestattet ist. Ab 2022 wird eine exklusive Kleinserie von 85 Exemplaren gebaut.

Der Valkyrie in der offenen Spider-Variante.

ITALDESIGN ZEROUNO

Genf, März 2017

Im Februar 1968 gründet Giorgetto Giugiaro das SIRP (Studi Italiani Realizzazione Prototipi S.p.A.), aus dem bald die Marke Italdesign hervorgeht. Er sichert sich die Mitarbeit einer Gruppe von Ingenieuren, darunter Gino Boaretti, Luciano Bosio und Aldo Mantovoni. Italdesign veränderte von Anfang an das Bild des traditionellen italienischen Karosseriebaus, der damals zwischen zwei Polen schwankte: dem braven Pininfarina und dem provokativen Bertone. Im Gegensatz zu seinen älteren Kollegen, die auch die Herstellung kleinerer Serien übernehmen, widmet sich Italdesign ausschließlich der kreativen Arbeit und liefert für zahlreiche Hersteller Meisterwerke ab, darunter den BMW M1 oder der DeLorean DMC-12 – aber auch den ersten VW Golf oder den Fiat Panda. Am 25. Mai 2010 übernimmt die italienische Audi-Tochter Lamborghini Holding S.p.A. 90,1 % der Anteile und Giugiaro hält zusammen mit der Familie des »Designers des Jahrhunderts« den Rest. 2015 zieht er sich ganz aus der Firma zurück und gründet mit seinem Sohn Fabrizio das Designstudio GFG.

Unter der Volkswagen-Flagge ist das Styling von Italdesign noch nicht wirklich überzeugend.

- **Motor:** V10-Mittelmotor mit 90° Zylinderwinkel (DOHC, 4 Ventile), Hubraum: 5204 cm³, Bohrung x Hub: 84,5 x 92,8 mm, Leistung: 610 PS bei 8250/min
- **Länge/Breite/Höhe:** 485 x 197 x 120 cm
- **Radstand:** 265 cm
- **Gewicht:** nicht bekannt
- **Fahrleistung:** 330 km/h, 3,2 sec von 0 – 100 km/h
- **Produktion:** 5 Exemplare (2017 – 2018)

Die mittlerweile vollständig zum VW-Konzern gehörende Firma Italdesign hat es anfangs schwer, für Aufsehen zu sorgen. Doch 2017 beschreitet sie mit dem Zerouno, der unter dem Label Italdesign Automobili Speciali vermarktet werden soll, einen neuen Weg. Um den Motor des Lamborghini Huracán herum wird eine brutal wirkende Carbon-Karosserie mit komplexer Aerodynamik entworfen. Sie ist das Werk von Filippo Perini, 1965 in Piacenza geboren, Maschinenbau-Ingenieur und seit Januar 1995 bei Alfa Romeo beschäftigt. 2003 geht er zu Audi und wechselt bald zu Lamborghini. Nach fast zwölf Jahren in Sant'Agata Bolognese wechselte Filippo Perini September 2015 zum anderen italienischen Label des Volkswagen-Konzerns – zu Italdesign.

VARIANTE

ITALDESIGN ZEROUNO DUERTA

Genf, März 2018

- **Motor:** V10-Mittelmotor mit 90° Zylinderwinkel (DOHC, 4 Ventile), Hubraum: 5204 cm³, Bohrung x Hub: 84,5 x 92,8 mm, Leistung: 610 PS bei 8250/min
- **Länge/Breite/Höhe:** 484,7 x 197 x 120,4 cm
- **Radstand:** 265 cm
- **Gewicht:** nicht bekannt
- **Fahrleistung:** 320 km/h, 3,2 sec von 0 – 100 km/h
- **Produktion:** 5 Exemplare (2018)

Die Cabrio-Version des Zerouno.

Ein Jahr nach dem Coupé bietet die Abteilung Automobili Speciali von Italdesign eine offene Version des Zerouno mit Hardtop und Verdeck an. Die technische Basis und das Styling sind identisch, ebenso die exklusive Produktionszahl.

HENNESSEY VENOM F5

Las Vegas, November 2017

Vorgestellt im Rahmen der SEMA – einer Messe, die alle Exzesse der Automobilindustrie bietet – markiert der Venom F5 einen entscheidenden Schritt für Hennessey. Während die bisherigen Modelle der amerikanischen Marke die Karosserie und das Fahrwerk der Lotus Elise übernahmen, unterscheidet sich der Venom F5 deutlich von der kleinen Engländerin. Zwar erscheint das allgemeine Design des Chassis immer noch von Lotus inspiriert zu sein, doch der Stil ist völlig neu und ziemlich gelungen. Der von Chevrolet entliehene und von der Firma Pennzoil perfektionierte Motor ist in der Lage, den 1,4 Tonnen wiegenden Wagen in nur zehn Sekunden auf 300 km/h zu beschleunigen. Maximal sollen über 500 km/h erreichbar sein. Nachdem Hennessey sich bisher auf den amerikanischen Markt konzentriert hatte, überquert der Venom F5 den Atlantik, um im März 2018 in Genf der europäischen Öffentlichkeit gezeigt zu werden.

Im Vergleich zu früheren Hennessey-Modellen weist der Venom F5 einen deutlich modernisierten Stil auf.

- **Motor:**
V8-Mittelmotor mit 90° Zylinderwinkel (DOHC, 4 Ventile), Biturbo, Hubraum: 6573 cm³, Bohrung x Hub: 104,8 x 95,3 mm, Leistung: 1842 PS bei 8000/min
- **Länge/Breite/Höhe:**
466,6 x 197,1 x 113,1 cm
- **Radstand/Spurweite:**
282 x 157,4 x 158,4 cm
- **Gewicht:**
1385 kg
- **Fahrleistung:**
> 500 km/h, 2,6 sec von 0 – 100 km/h
- **Produktion:**
24 Exemplare (seit 2020)

Der Venom F5 ist ab Ende 2022 als auf 30 Exemplare limitierter Roadster erhältlich.

MERCEDES-AMG ONE

Frankfurt, September 2017

Bei Mercedes lässt man sich Zeit. Seitdem im September 2017 der Schleier vom Supersportwagen gezogen wurde, dauerte die Entwicklung bis zur Montage der ersten käuflichen Autos bis Anfang August 2022. Die magischen Buchstaben AMG beziehen sich auf Werner Aufrecht und Erhard Melcher, die im schwäbischen Großaspach 1967 eine Firma gründeten, um Limousinen aus Stuttgart für den Rennsport vorzubereiten. 1999 erwarb DaimlerChrysler 51 Prozent der AMG-Anteile und wandelte den Betrieb schließlich im Januar 2005 in die Tochtergesellschaft Mercedes-AMG GmbH um.

Seitdem entgeht AMG nichts, was den Produktionen von Mercedes-Benz eine sportliche Note verleiht. Die leistungsstärksten Versionen der kommerziellen Modellpalette tragen stets den Stempel »AMG«, der auch mit dem Engagement von Mercedes auf den höchsten Ebenen des Motorsports – einschließlich der Formel 1 – in Verbindung gebracht wird.

Der Stuttgarter Konzern kehrt also in die Nische der außergewöhnlichen Automobile zurück, indem er sich akribisch um sein Comeback kümmert – in einem Segment, wo es von Zauberlehrlingen, mehr oder weniger talentierten Handwerkern und Opportunisten nur so wimmelt. Mercedes-AMG baut dabei auf die Technologiekompetenz der Formel 1, die man von 2014 bis 2021 acht Jahre lang unangefochten beherrscht hat. Der Hybridantrieb wird also direkt von Lewis Hamiltons F1-Boliden auf dieses Superlativ-Coupé übertragen. Der kleine Turbomotor (574 PS) bekommt Unterstützung von vier Elektromotoren: einer (163 PS) ist auf der Kurbelwelle montiert, ein weiterer (109 PS) ist in den Turbolader integriert und zwei (je 163 PS) treiben die Vorderräder an, sodass eine Gesamtleistung von 1063 PS abgerufen werden kann. Laut AMG ist das Ansprechverhalten des V6-Hybrids deutlich spontaner als das eines V8-Saugmotors, da der elektrisch unterstützte Turbolader ein höheres Drehmoment bei niedrigen Drehzahlen produziert.

Das unter der Leitung von Gorden Wagener entstandene seltsame Design mit riesigen Lufteinlässe an der Front, stark reduzierten Fensterflächen, beweglichen Klappen an den vorderen Kotflügeln oder der vertikalen Heckfinne ist vor allem aerodynamischen Erfordernissen geschuldet und wird kontrovers diskutiert. Die Auflage von 275 Exemplaren wird für 2,75 Mio. Euro je Stück (ohne Steuern) angeboten.

Der Mercedes-AMG One hat eine lange Entstehungsgeschichte hinter sich, aber sein Stil hat sich in diesen Jahren nicht verbessert.

- **Motor:**
V6-Mittelmotor mit 90° Zylinderwinkel (DOHC, 4 Ventile), Turbolader, Hubraum: 1599 cm³, Bohrung x Hub: 80 x 53 mm, Leistung: 574 PS bei 9000/min + 4 Elektromotoren (3 x 163 PS, 1 x 109 PS), Gesamtleistung: 1063 PS
- **Länge/Breite/Höhe:**
475,6 x 201 x 126,1 cm
- **Radstand/Spurweite:**
272 x 172,1 x 166,4 cm
- **Gewicht:**
1695 kg
- **Fahrleistung:**
352 km/h, 2,9 sec von 0 – 100 km/h
- **Produktion:**
275 Exemplare (seit 2022)

W MOTORS FENYR

Dubai, November 2017

Nach dem Lykan HyperSport ist der Fenyr SuperSport das zweite Modell des 2012 von Ralph Debbas im Libanon gegründeten Unternehmens W Motors. Die inzwischen in Dubai ansässige Firma arbeitet mit zahlreichen renommierten westlichen Firmen zusammen, um dieses Modell zu entwickeln, das weniger exklusiv als der Lykan sein soll, aber genauso brutal in Bezug auf die Leistung und genauso prägnant hinsichtlich der Ästhetik. RUF liefert den Motor, Magna Steyr entwickelt die Technik und das StudioTorino unterstützt W Motors bei der Gestaltung des Fenyr. Ursprünglich sind 25 Exemplare geplant, doch die Produktion soll schließlich 100 erreichen oder sogar übersteigen, nachdem im Januar 2020 eine erste Vorserie von neun Fahrzeugen gestartet wird.

- **Motor:**
V6-Mittelmotor mit 90° ZylinderSechs-zylinder-Boxer-Mittelmotor (DOHC, 4 Ventile), Biturbo, Hubraum: 3746 cm³, Bohrung x Hub: 102 x 76,4 mm, Leistung: 810 PS bei 7100/min
- **Länge/Breite/Höhe:**
468,4 x 198,3 x 119,9 cm
- **Radstand:**
262,5 cm
- **Gewicht:**
1350 kg
- **Fahrleistung:**
390 km/h, 2,7 sec von 0 – 100 km/h
- **Produktion:**
100 Exemplare (geplant)

Der Fenyr möchte zugänglicher sein als sein Vorgänger Lykan.

APOLLO IE

Goodwood, Juli 2018

Der IE ist ein neuer Versuch der regelmäßig den Besitzer wechselnden Marke Apollo.

- **Motor:**
V12-Mittelmotor mit 65° Zylinderwinkel (DOHC, 4 Ventile), Hubraum: 6262 cm³, Bohrung x Hub: 94 x 75,2 mm, Leistung: 780 PS bei 8500/min
- **Länge/Breite/Höhe:**
506,6 x 199,5 x 113 cm
- **Radstand:**
270 cm
- **Gewicht:**
1250 kg
- **Fahrleistung:**
335 km/h, 2,7 sec von 0 – 100 km/h
- **Produktion:**
10 Exemplare (geplant)

Die Hongkonger Gruppe von Norman Choi und der chinesische Fonds Consolidated Ideal TeamVenture haben das Unternehmen Gumpert aus der Insolvenz aufgekauft und umgehend in »Apollo Automobil Ltd.« umbenannt. Der Apollo IE (für Intensa Emozione) ist das erste Modell, das vollständig von dem neuen Unternehmen entwickelt und produziert wird (der auf dem Genfer Salon 2016 vorgestellte Prototyp Arrow wurde kommerziell nicht weiterverfolgt). Wie bei den Projekten SGS 003S von Glickenhaus, New Stratos, Aspark Owl und De Tomaso P72 ist auch hier die Manifattura Automobili Torino hinter den Kulissen für die Planung und Herstellung verantwortlich.

Der Stil ist noch komplexer und unstrukturierter als der des Apollo Arrow. Seltsamerweise stammt er von Jowyn Wong, der auch den radikal anderen Stil des De Tomaso P72 mit seinen Rundungen und perfekter Reinheit entwerfen wird. Als Antrieb dient ein Ferrari-Aggregat des Typs F140FE, das von Autotecnica Motoris komplett überarbeitet ist. Sein Preis liegt bei 2,3 Mio. Euro.

BRABHAM BT62

London, Mai 2018

Die vom Australier Jack Brabham 1961 in England gegründete Firma vermarktete unter dem Namen Motor Racing Developments Monoposto Rennwagen. Bereits ab 1962 (bis 1992) gewann der Hersteller zahlreicher ungewöhnlicher Fahrzeuge zwei Weltmeistertitel (1966 und 1967) und war ein wichtiger Akteur in der Formel-1-Weltmeisterschaft.

David Brabham beginnt mit der Wiederbelebung der von seinem Vater gegründeten Marke und entscheidet sich folgerichtig für die Nische außergewöhnlicher Autos. Sein extrem leichter BT62 ist eindeutig für die Rennstrecke und nicht für die Straße bestimmt und soll in 70 Exemplaren gebaut werden, um das 70. Jubiläum von Jack Brabhams Rennkarriere im Jahr 1948 zu feiern. Erst nach dem Drängen mehrerer Kunden wird der Umbau zum Straßenfahrzeug angedacht und anschließend in England als Einzelabnahme vollzogen (BT62-R). Ausländische Kunden sind verpflichtet, die Registrierung alle zwölf Monate in England zu verlängern.

- **Motor:**
V8-Mittelmotor mit 90° Zylinderwinkel (OHV), Hubraum: 5387 cm³, Leistung: 700 PS bei 7400/min
- **Länge/Breite/Höhe:**
446 x 195 x 120 cm
- **Radstand/Spurweite:**
269,5 x 164,9 x 159,7 cm
- **Gewicht:**
972 kg
- **Fahrleistung:**
340 km/h, 2,8 sec von 0 – 100 km/h
- **Produktion:**
70 Exemplare (geplant)

Mit dem Brabham BT62 wurde ein großer Name des Motorsports wiederbelebt.

FERRARI SP38

Cernobbio, Mai 2018

- **Motor:**
  V8-Mittelmotor mit 90° Zylinderwinkel (DOHC, 4 Ventile), Biturbo, Hubraum: 3902 cm³, Bohrung x Hub: 86,5 x 83 mm, Leistung: 670 PS bei 8000/min
- **Länge/Breite/Höhe:**
  457 x 195 x 121 cm
- **Radstand/Spurweite:**
  265 x 168 x 165 cm
- **Gewicht:**
  1475 kg
- **Fahrleistung:**
  330 km/h, 3,0 sec von 0 – 100 km/h
- **Produktion:**
  1 Exemplar (2018)

Dieses einzigartige Coupé auf der Basis eines 488 GTB ist kein Konzeptfahrzeug, sondern ein Modell, das im Rahmen des One-off-Programms für Sonderkarosserien und limitierte Serien für die anspruchsvollsten Kunden hergestellt wurde. Bei Ferrari wird diese Aktivität immer weiter ausgebaut. Immer mehr Kunden wollen sich durch den Besitz eines Modells, das nur sie allein besitzen, von der Masse abheben. Dies ist der ultimative Ausdruck des Supersportwagens, der Höhepunkt des Kults der Exklusivität.

Das Einzelstück SP38 ist wunderbar schlicht gehalten.

BUGATTI DIVO

Pebble Beach, August 2018

Obwohl der Divo ein direkter Chiron-Ableger ist, fällt er nicht unter die für diesen festgelegte Quote von 500 Fahrzeugen. Benannt ist er nach Albert Divo (1895 – 1966), einem der großen Fahrer, die Bugattis Ehre zwischen den beiden Weltkriegen verteidigt haben. Der Divo unterscheidet sich ästhetisch stark vom Chiron. Er wirkt weniger übertrieben, weniger extrovertiert – und damit eleganter. Trotz eines kaum spürbaren Gewichtsverlusts von 35 kg zeigt der Divo ein radikaleres und sportlicheres Fahrverhalten.

Die geplanten 40 Exemplare werden sofort zu einem Stückpreis von 5 Mio. Euro verkauft. Die Auslieferung erfolgt zwischen August 2020 und Juli 2021.

- **Motor:**
  W16-Mittelmotor (Doppel-VR8) mit 90/15° Zylinderwinkel (DOHC, 4 Ventile), 4 Turbolader, Hubraum: 7993 cm³, Bohrung x Hub: 86 x 86 mm, Leistung: 1500 PS bei 6700/min
- **Länge/Breite/Höhe:**
  464,1 x 201,8 x 121,2 cm
- **Radstand/Spurbreite:**
  271 x 174,9 x 166,2 cm
- **Gewicht:**
  1995 kg
- **Fahrleistung:**
  380 km/h, 2,4 sec von 0 – 100 km/h
- **Produktion:**
  40 Exemplare (2020 – 2021)

Der Divo wird parallel
zum Chiron produziert.

FERRARI MONZA SP1/SP2

Paris, Oktober 2018

- **Motor:**
  V12-Mittelmotor mit 65° Zylinderwinkel (DOHC, 4 Ventile), Hubraum: 6496 cm³, Bohrung x Hub: 94 x 78 mm, Leistung: 810 PS bei 8500/min
- **Länge/Breite/Höhe:**
  465,7 x 199,6 x 115,5 cm
- **Radstand/Spurweite:**
  272 x 168,8 x 167,8 cm
- **Gewicht:**
  1520 kg
- **Fahrleistung:**
  300 km/h, 2,9 sec von 0 – 100 km/h
- **Produktion:**
  499 Exemplare (2018 – 2022)

Der Name erinnern an Ferraris große Zeiten in den 1950er-Jahren.

Um allen Ansprüchen gerecht zu werden, erfindet Ferrari immer wieder neue Nischen und bietet eine Vielzahl von Diensten an. Die Abteilung »Maßgeschneidert« sorgt dafür, dass jeder Ferrari durch die Wahl von Farben und Materialien individuell gestaltet werden kann. Drei Kollektionen stehen auf dem Programm, jede mit ihrer eigenen Tonalität: Scuderia, Classica und Inedita. Neben den Serienmodellen aus der regulären Modellpalette unterscheidet Ferrari zwischen Sonderserien und der Icona-Serie, die mit dem Monza SP eröffnet wird.

Wie der Name schon andeutet, umfasst die Icona-Serie Modelle, die an Automobile erinnern, die die Geschichte des Cavallino Rampante geprägt haben. Der Monza SP bezieht sich auf den 750 Monza, der für die Saison 1954 gebaut worden war und die Farben von Ferrari in der 3-Liter-Klasse verteidigen sollte. Die 34 Exemplare des ursprünglichen 750 Monza wurden von einem 4-Zylinder-Motor angetrieben und von der Carrozzeria Scaglietti verkleidet.

Der Monza SP basiert auf der Technik des 812 Superfast und zeigt das Barchetta-Konzept in seiner ganzen Pracht: Die Stylisten haben die Nachahmung auf die Spitze getrieben, indem sie die traditionelle Windschutzscheibe schlichtweg entfernt und durch einen »virtuellen« Windschutz ersetzt haben – eine Technologie, die es ermöglicht, Luftströme bei hohen Geschwindigkeiten abzulenken, bevor sie den Fahrer erreichen. Das unter der Verantwortung von Flavio Manzoni entwickelte Styling zeigt sich sehr schlicht mit geglätteten und von allen aerodynamischen Anhängseln befreiten Oberflächen. Es gibt den Monza in zwei Varianten: als Einsitzer (SP1) und als Zweisitzer (SP2). Einige exklusive Accessoires werden von den Firmen Loro Piana und Berluti entworfen.

LAMBORGHINI SC18 ALSTON

Rom, November 2918

Dieser Sonderauftrag, der auf dem Aventador basierte, wird von der Squadra Corse, der Sportabteilung von Lamborghini, betreut. Die Kotflügel, Finnen und Lufteinlässe sind inspiriert vom Huracán Super Trofeo EVO. Ein breiter Spoiler aus Kohlefaser ergänzt die aerodynamische Ausstattung.

Ein neuer Ableger des Lamborghini Aventador: SC18 Alston.

- **Motor:**
V12-Mittelmotor mit 60° Zylinderwinkel (DOHC, 4 Ventile), Hubraum: 6498 cm³, Bohrung x Hub: 95 x 76,4 mm, Leistung: 770 PS bei 8500/min
- **Maße:**
unbekannt
- **Fahrleistung:**
unbekannt
- **Produktion:**
1 Exemplar (2018)

McLAREN SENNA

Genf, März 2018

Nach dem P1 von 2012 bietet McLaren einen neuen Supersportwagen in der Ultimate Series an, zu der auch der Speedtail und der Elva gehören werden. Diese Serie steht laut McLaren noch über der Hypercar-Kategorie, in der die Modelle 750S, Artura und 765LT zusammengefasst sind.

Dieses Coupé ist eine Hommage an Ayrton Senna, der sechs Jahre lang, von 1988 bis 1993, für McLaren fuhr und mit dem Unternehmen aus Woking in den Jahren 1988, 1990 und 1991 drei Weltmeistertitel gewann. Senna verließ dann McLaren und wechselte zu Williams, verunglückte aber einige Monate später mit 34 Jahren am 1. Mai 1994 beim Großen Preis von San Marino in Imola tödlich.

Dank vieler Carbon-Komponenten kann das Trockengewicht knapp unter 1,2 Tonnen gedrückt werden. Die Aerodynamik des auf der Plattform des 720S basierenden Fahrzeugs sorgt für einen Abtrieb von 800 kg (bei der GTR-Version für 1000 kg), zudem wurde ein neues adaptives Fahrwerk eingeführt. Im Gegensatz zum P1 verfügt der Senna nicht über einen Hybridantrieb.

Die ausschließlich für den Rennsport vorgesehene GTR-Version des Sennas wird im März 2018 angekündigt. Sie wird von dem auf 825 PS gesteigerten M840TR-Motor angetrieben.

- **Motor:**
  V8-Mittelmotor mit 90° Zylinderwinkel (DOHC, 4 Ventile), Biturbo, Hubraum: 3994 cm³, Bohrung x Hub: 93 x 73,5 mm, Leistung: 800 PS bei 7250/min
- **Länge/Breite/Höhe:**
  474,4 x 215,3 x 119,5 cm
- **Radstand:**
  267 cm
- **Gewicht:**
  1309 kg
- **Fahrleistung:**
  335 km/h, 2,8 sec von 0 – 100 km/h
- **Produktion:**
  500 Exemplare + 75 Senna GTR (2018 – 2019)

Der McLaren Senna wird in der Kategorie Ultimate Nachfolger des P1.

VARIANTE

McLAREN SENNA LM

Woking, September 2020

Der Senna LM im ikonischen McLaren-Orange.

Der Senna LM soll an das legendäre 24-Stunden-Rennen von Le Mans im Jahr 1995 erinnern, das von McLaren gewonnen wurde. Die MSO-Abteilung (McLaren Special Operations) fertigte etwa zwanzig Sonderversionen des Sennas an, die dem Senna GTR mit verbreiterten Seitenschwellern, Kotflügeln und einem großen Spoiler optisch sehr ähnlich sind. Der Motor des Senna LM hat ebenfalls 825 PS – 25 mehr als die »Standardversion«. Sieben der zwanzig gebauten Senna LM werden im für McLaren-Rennwagen typischen »Papaya-Orange« lackiert.

- **Motor:**
  V8-Mittelmotor mit 90° Zylinderwinkel (DOHC, 4 Ventile), Biturbo, Hubraum: 3994 cm³, Bohrung x Hub: 93 x 73,5 mm, Leistung: 825 PS bei 7250/min
- **Länge/Breite/Höhe:**
  nicht bekannt
- **Radstand:**
  267 cm
- **Gewicht:**
  1178 kg
- **Fahrleistung:**
  338 km/h, 2,7 sec von 0 – 100 km/h
- **Produktion:**
  20 Exemplare (2020 – 2021)

SSC TUATARA

Carmel, August 2018

Das 1998 gegründete Unternehmen Shelby Supercars stellt 2018 am Rande des Pebble Beach Concours d'Elegance ein bereits 2011 von Jason Castriota (Ex-Pininfarina und Ex-Saab) entworfenes Coupé vor, das ab 2020 in 210 Exemplaren gebaut werden soll. Der mit einem von Nelson Racing Engines entwickelten Biturbo-Motor ausgerüstete Wagen beansprucht den Geschwindigkeitsweltrekord für Serienfahrzeuge für sich – allerdings werden die 508,74 km/h nicht offiziell anerkannt. Trotz seiner auffälligen Präsenz in einem prestigeträchtigen Umfeld stellt sich die Frage nach der Seriosität und dem Fortbestand des Unternehmens. Angeblich arbeitet SSC bereits an einem neuen Rekordfahrzeug.

- **Motor:**
  V8-Mittelmotor mit 90° Zylinderwinkel, Biturbo, Hubraum: 5941 cm3, Leistung: 1774 PS bei 8800/min
- **Länge/Breite/Höhe:**
  463,3 x 206,5 x 106,7 cm
- **Radstand:**
  267,2 cm
- **Gewicht:**
  1247 kg
- **Fahrleistung:**
  475 km/h, 2,5 sec von 0 – 100 km/h
- **Produktion:**
  210 Exemplare (geplant)

Eines vom vielen Supercar-Projekten mit fragwürdiger Zukunft: der SSC Tuatara.

VAZIRANI SHUL

Goodwood, Juli 2018

Der erste Supersportwagen aus Indien ist 2018 in Goodwood zu besichtigen.

Der Michelin-Pavillon hält für die Besucher des Festival of Speed im englischen Goodwood eine echte Überraschung bereit: ein vom indischen Designer Chunky Vazirani entworfenes Supercar-Projekt. Vazirani ist Absolvent des Art Center College of Design in Pasadena und hat seine Ausbildung bei Yamaha, Volvo, Land-Rover, Jaguar und Rolls-Royce absolviert. Danach macht er sich mit seiner eigenen Firma Vazirani Automotive in Mumbai selbstständig und entwickelt einen sehr attraktiven Supersportwagen. Der Shul ist gut proportioniert und trägt keine unpassenden Finnen, Leitwerke und Klappen. Vazirani setzt auf einen reinen Elektroantrieb mit vier Radmotoren, aber es werden keine Zahlen bekannt gegeben. Geplant ist, als Range-Extender eine Mikroturbine einzusetzen, wie sie von Techrules oder der Hybrid Kinetic Group für den Jaguar C-X75 entwickelt wurde. Diese treibt einen Generator an, der die Batterie auflädt und so die Reichweite verlängert.

Zu den Partnern des Abenteuers gehört der Rennstall Force India, der 2008 in die Formel 1 einstieg und sich auf die Übernahme der niederländischen Firma Spyker stützte, welche wiederum 2007 in die Formel 1 eingestiegen war und ihrerseits auf das Abenteuer Midland F1 zurückging, das 2006 durch die Übernahme des Jordan-Rennstalls entstanden war. Man sieht: Im Motorsport gibt es eine hohe Recyclingquote!

- **Motor:**
V8-Mittelmotor mit 90° Zylinderwinkel (DOHC, 4 Ventile), Biturbo, Hubraum: 3994 cm³, Bohrung x Hub: 93 x 73,5 mm, Leistung: 756 PS + Elektromotor (312 PS), Gesamtleistung: 1050 PS
- **Länge/Breite/Höhe:**
513,7 x 200 x 112 cm
- **Radstand:**
272 cm
- **Gewicht:**
1597 kg
- **Fahrleistung:**
403 km/h, 3,0 sec von 0 – 100 km/h
- **Produktion:**
106 Exemplare (2019 – 2020)

McLAREN SPEEDTAIL

Chantilly, Juli 2019

Das lange Heck verbessert die Straßenlage bei hohen Geschwindigkeiten.

An der Supersportwagen-Front wird hart gekämpft. McLaren beruft sich auf seine Vergangenheit sowie die F1 LM und GTR aus den 1990er Jahren, um der Ultimate-Serie einen weiteren Meilenstein hinzuzufügen. Der Speedtail zeichnet sich durch sein schmales Profil aus, das in ein langes Heck übergeht. In diesem Sinne ist er der spirituelle Nachfolger des McLaren F1 LM (und dessen Straßenversion GTR), der zur Steigerung der Höchstgeschwindigkeit verlängert wurde. Wie bei seinem Vorfahren ist im dreisitzigen Cockpit der Fahrerplatz in der Mitte angeordnet. Der Speedtail soll maximale Geschwindigkeit gewährleisten – ein Parameter, um den sich bereits mehrere Supersportwagenhersteller streiten: Bugatti, Koenigsegg oder Hennessey, um nur die seriösesten zu nennen.

Um der schnellste McLaren aller Zeiten zu werden, wird der Speedtail sehr sorgfältig entwickelt – sowohl in seinen allgemeinen Formen als auch in den Details. Der Radstand

Ein »Velocity«-Modus ermöglicht die Anpassung der aktiven aerodynamischen Elemente und senkt die Karosserie bei hohen Geschwindigkeiten um 35 mm ab. Die Felgen der Vorderräder sind mit fixierten Flanschen aus Carbon abgedeckt. Zusammen mit Pirelli werden spezielle Reifen entwickelt. Die Speedtail verzichtet auf herkömmliche Rückspiegel; stattdessen sind in die Flanken versenkte Kameras eingebaut, die das Bild auf Bildschirme auf beiden Seiten des Cockpits übertragen. An der hinteren Abströmkante können Stellmotoren die weiche Carbon-Oberfläche verformen, um den Abtrieb zu optimieren.

Die Beschränkung der Produktion auf 106 Exemplare bezieht sich auf die Gesamtzahl der McLaren F1, die in den 1990er Jahren gebaut worden waren. Bereits drei Monate vor seiner offiziellen Präsentation im Oktober 2019 in London wird der McLaren auf dem Concours Arts et Élégance vor dem Schloss Chantilly bei Paris im Juli erstmals gezeigt. Auch mit einem Preis von 1,75 Mio.

ASTON MARTIN VALHALLA

Genf, März 2019

Das im März 2019 enthüllte Projekt RB003 von Aston Martin erhält drei Monate später seinen Taufnamen Valhalla. Dieses Modell gehört zur selben Familie wie der Valkyrie und profitiert von den Erkenntnissen, die bei diesem gesammelt wurden. Die Leistung sowie die Exklusivität wurden etwas zurückgeschraubt: auf 1012 PS und 1000 Exemplare.

Die allgemeinen Proportionen des Valhalla ähneln denen des Valkyrie, aber die Formen und Oberflächen sind weicher. Die aerodynamische Ausstattung ist deutlich dezenter, da der hintere Spoiler in das Heck integriert ist.

Aston Martin kündigt einen Hybridantrieb an, der zunächst auf einem eigenen 3,0-Liter-V6-Motor basierte. Diese Entscheidung wird aufgrund der verstärkten technischen Zusammenarbeit und der Erhöhung des Anteils der Firma Mercedes an Aston Martin beeinflusst. Hatten die Stuttgarter im September 2013 zunächst fünf Prozent der Anteile erworben, stieg die Beteiligung bis Oktober 2020 auf zwanzig Prozent.

Im Sommer 2021 taucht am Rande des Pebble Beach Concours d'Elegance der Valhalla mit einem Hybridantrieb (PHEV) wieder auf, bei dem ein von Mercedes-AMG gelieferter V8 mit 4 Liter Hubraum an ein neues 8-Gang-DCT-Getriebe gekoppelt und mit zwei Elektromotoren – einem vorne und einem hinten – kombiniert wird.

- **Motor:**
  V8-Mittelmotor mit 90° Zylinderwinkel (DOHC, 4 Ventile), Biturbo, Hubraum: 3982 cm³, Bohrung x Hub: 83 x 92 mm, Leistung: 812 PS bei 7200/min + 2 Elektromotoren mit 200 PS, Gesamtleistung: 1012 PS
- **Länge/Breite/Höhe:**
  nicht bekannt
- **Radstand:**
  nicht bekannt
- **Gewicht:**
  1550 kg
- **Fahrleistung:**
  349 km/h, 2,5 sec von 0 – 100 km/h
- **Produktion:**
  1000 Exemplare (geplant – ab 2024)

Der Valhalla ist eine Stufe unter dem Valkyrie eingeordnet.

BUGATTI LA VOITURE NOIRE

Genf, März 2019

Entstanden im Jahr der Feierlichkeiten zum 110. Geburtstag der Marke Bugatti ist La Voiture Noire, eine Hommage an den 57 SC Atlantic, von dem zwischen 1936 und 1938 nur vier Exemplare hergestellt wurden. Laut der offiziellen Pressemitteilung »wurde dieses Modell [das] nur einmal hergestellt wird, bereits für 11 Millionen Euro verkauft, was es nun zum teuersten Auto der Welt macht«. Die Identität des Auftraggebers wird nicht bekannt gegeben, man weiß nur, dass La Voiture Noire im Kanton Zürich angemeldet ist.

La Voiture Noire basiert zwar technisch auf dem Chiron, unterscheidet sich aber abgesehen von seinem Marktwert auch optisch deutlich von diesem. Das äußere Erscheinungsbild wird vom Bugatti-Designchef Achim Anscheidt und seinem französischen Stellvertreter Étienne Salomé, der zwölf Jahre lang (August 2007 bis August 2019) bei Bugatti arbeitete, völlig neugestaltet. Das Profil erweist sich dank einer verlängerten Motorabdeckung und einer subtileren Oberflächenbehandlung als wesentlich schlanker als das des Chiron. Weil die gewaltigen Bögen an den Flanken des Chiron deutlich zierlicher geworden sind, wirkt das Styling weicher. In Erinnerung an den Atlantic zieht sich eine Mittelrippe über die gesamte Karosserie und der senkrecht stehende Scheibenwischer simuliert eine geteilte Frontscheibe. La Voiture Noire ist natürlich schwarz – so wie einer der überlebenden Bugatti Atlantic von Ralph Lauren, der als Inspiration diente. Nach seiner Präsentation in Genf ist La Voiture Noire viel gereist: 2019 zum Concours d'Elegance an der Villa d'Este, nach Pebble Beach und Chantilly sowie 2020 zum internationalen Automobilfestival am Invalidendom in Paris. Nachdem das Ausstellungsstück anfangs nur dank relativ kleiner Elektromotoren manövrierbar ist, wird das endgültige Fahrzeug (samt Motor und Antriebsstrang) 2021 fertiggestellt.

• **Motor:**
W16-Mittelmotor (Doppel-VR8) mit 90/15° Zylinderwinkel (DOHC, 4 Ventile), 4 Turbolader, Hubraum: 7993 cm³, Bohrung x Hub: 86 x 86 mm, Leistung: 1600 PS bei 7050/min

• **Maße:**
nicht bekannt

• **Gewicht:**
nicht bekannt

• **Fahrleistung:**
420 km/h, 2,4 sec von 0 – 100 km/h

• **Produktion:**
1 Exemplar (2021)

Erhaben und einsam: Der Bugatti La Voiture Noir.

BUGATTI CENTODIECI

Monterey, August 2019

Der Bugatti Centodieci übernimmt Stilelemente des EB110 von Bugatti Automobili.

Diese auf der Technik des Chiron basierenden Kreation feiert zum einen den 110. Geburtstag der Firma Bugatti und ist mit seinem Styling gleichzeitig eine Hommage an den Bugatti EB110 aus den 1990er Jahren, der von Bugatti Automobili in Italien gebaut wurde. Vor allem die kreisrunden seitlichen Lufteinlässe hinter den Seitenfenstern erinnern an das von Star-Designer Marcello Gandini entworfene Auto.

Im Vergleich zum Chiron kann beim Centodieci das Gewicht um 20 kg verringert und die Motorleistung um rund 100 PS gesteigert werden. Die Produktion ist auf 10 Exemplare begrenzt, der Grundpreis beträgt 8 Millionen Euro. Nach langen Monaten der Erprobung wird das erste Exemplar (blau wie der erste EB 110) im Juni 2022 ausgeliefert, das zehnte und letzte (quarzweiß mit »light blue sport«-Innenausstattung) im Dezember desselben Jahres.

- **Motor:**
  W16-Mittelmotor (Doppel-VR8) mit 90/15° Zylinderwinkel (DOHC, 4 Ventile), 4 Turbolader, Hubraum: 7993 cm³, Bohrung x Hub: 86 x 86 mm, Leistung: 1600 PS bei 7050/min
- **Länge/Breite/Höhe:**
  454,4 x 203,8 x 121,2 cm
- **Radstand/Spurweite:**
  271,1 x 174,9 x 166,1 cm
- **Gewicht:**
  1976 kg
- **Fahrleistung:**
  >380 km/h, 2,4 sec von 0 – 100 km/h
- **Produktion:**
  10 Exemplare (2022)

ASTON MARTIN DBS GT ZAGATO

Newport, Oktober 2019

- **Motor:**
V12-Frontmotor mit 60° Zylinderwinkel (DOHC, 4 Ventile), Biturbo, Hubraum: 5204 cm³, Bohrung x Hub: 89 x 69,7 mm, Leistung: 760 PS
- **Länge/Breite/Höhe:**
471,2 x 214,6 x 128 cm
- **Radstand/Spurweite:**
280,5 x 166,5 x 164,5 cm
- **Gewicht:**
1786 kg
- **Fahrleistung:**
340 km/h, 3,4 sec von 0 – 100 km/h
- **Produktion:**
19 Exemplare (2020 – 2022) paarweise mit einem DB4 GT Zagato-Nachbau

Für Sammler, die auf der Suche nach Exklusivität sind, veranstaltet Aston Martin in Rhode Island eine originelle Marketingaktion. Zwei unzertrennlich miteinander verbundene Modelle werden als Paket zum Verkauf angeboten: der DB4 GT Zagato und der DBS GT Zagato. Ersterer ist eine perfekte Kopie des gleichnamigen Modells von 1960, letzterer seine moderne Umsetzung. Technisch basiert der DBS GT auf dem DBS Superleggera, allerdings hat er eine Extraportion Adrenalin abbekommen. Wie beim Original ist die Auflage auf 19 dieser Doppelpacks festgelegt. Der Preis: 6 Mio. Pfund Sterling.

Im Preis von 6.000.000 Pfund für den DBS GT Zagato ist eine Replika des DB4 GT Zagato inbegriffen.

DE TOMASO P72

Goodwood, Juli 2019

Der P72 der wiederbelebten Marke De Tomaso.

Der 28-jährige argentinische Rennfahrer Alejandro de Tomaso zog 1955 ins italienische Modena. Vier Jahre später gründete er die Sportwagenfirma De Tomaso Modena S.p.A., um 40 Jahre lang wunderschöne GT-Modelle (Vallelunga, Mangusta, Pantera, ect.) zu bauen, nebenbei Maserati und Innocenti (sowie die Motorradhersteller Benelli und Moto Guzzi) vor dem Bankrott zu retten und dann selbst unterzugehen. 1998 wurde das Unternehmen vom amerikanischen Investor Bruce Qvale übernommen. Noch kurz vor seinem Tod im Jahr 2003 versuchte De Tomaso, sein Unternehmen wieder aufzuerstehen zu lassen. 2009 übernahm Pininfarina einen Teil der Firma, aber auch diese Initiative war nicht von langer Dauer.

2014 erwirbt die in Hongkong ansässige Consolidated Ideal Team Venture Group, die bereits Eigentümerin der Apollo Automobil GmbH ist, den Namen »De Tomaso«, um ihn vier Jahre später auf einem beeindruckenden Coupé anzubringen. Der P72 basiert mit seinem Carbon-Chassis und der Mittelmotor-Architektur auf der gleichen technischen Basis wie der Apollo IE. Bereits sein Name verweist auf den P70 von 1965, und auch das von Jowyn Wong entworfene Styling erinnert an die Rundungen der Prototypen aus dieser Zeit. Abgesehen von der Verwendung des mittig platzierten Fünf-Liter-V8-Turbomotors von Ford sind keine Daten vom P72 bekannt. Die Produktion des auf 72 Exemplare limitierten reinen Track-Fahrzeugs soll 2024 bei HWA anlaufen.

ARCFOX GT

Genf, März 2019

- **Motor:**
Elektromotor, Leistung: 1000 PS
(GT-Track: 1600 PS)
- **Länge/Breite/Höhe:**
467,1 x 201,7 x 123,7 cm
- **Radstand/Spurweite:**
nicht bekannt
- **Gewicht:**
1825 kg
- **Fahrleistung:**
255 km/h, 2,5 sec von 0 – 100 km/h
- **Produktion:**
nicht bekannt

Die Firma Arcfox, ein Ableger des großen chinesischen Konzerns BAIC, kündigt ihren Einstieg in den Markt für Supersportwagen mit Argumenten an, dass diese durch ständige Wiederholung, Übertreibung und Unkontrollierbarkeit banal werden. Natürlich ist die Linie atemberaubend, natürlich ist der Antrieb elektrisch, um das Gewissen zu beruhigen, natürlich liefert er 1000 PS – oder sogar 1600! Seit der Präsentation von zwei Exemplaren auf dem Genfer Salon 2019 – einem »Street«-Modell und einer »Track«-Version – übt sich Arcfox allerdings in Diskretion.

Das chinesische Elektro-Sportcoupé auf dem Stand des Genfer Salons 2019.

FERRARI P80/C

Maranello, März 2019

In der offiziellen Pressemitteilung heißt es, dass es sich um ein Einzelstück handelt, das von einem »Sammler stammt, der aus einer Familie von langjährigen Enthusiasten und Bewunderern hervorging [sic]«. Beim Ferrari P80/C kommt die technische Basis des 488 GT3, der Rennversion des 488 GTB, zum Einsatz. Der P80/C wird von Ferraris Designchef Flavio Manzoni betreut und in der Abteilung »Oneoff« vier Jahre lang (!) – insbesondere hinsichtlich der Aerodynamik – entwickelt. Die Kohlefaserkarosserie, die einen 5 cm längeren Radstand als der 488 GTB aufweist, ist nicht für den Verkehr auf offenen Straßen zugelassen. Der Besitzer des P80/C hat die Wahl zwischen zwei Konfigurationen: eine für hohe Geschwindigkeiten, mit einem stabilisierenden Spoiler und 18-Zoll-Rädern, und eine andere, um den Wagen in seinem Wohnzimmer stehen zu sehen, ohne aerodynamische Hilfsmittel und mit schicken 21-Zoll-Rädern.

- **Motor:**
V8-Mittelmotor mit 90° Zylinderwinkel (DOHC, 4 Ventile), Biturbo, Hubraum: 3996 cm³, Bohrung x Hub: 86,5 x 83 mm, Leistung: 600 PS bei 7000/min
- **Länge/Breite/Höhe:**
471 x 197,2 x 118,6 cm
- **Radstand/Spurweite:**
270 x 204,5 x 204,5 cm
- **Gewicht:**
1260 kg
- **Fahrleistung:**
340 km/h, 2,8 sec von 0 – 100 km/h
- **Produktion:**
1 Exemplar (2019)

Der Ferrari P80/C ist eine Sonderanfertigung auf Basis des Ferrari 488 GT3.

FERRARI SF90 STRADALE

Maranello, Mai 2019

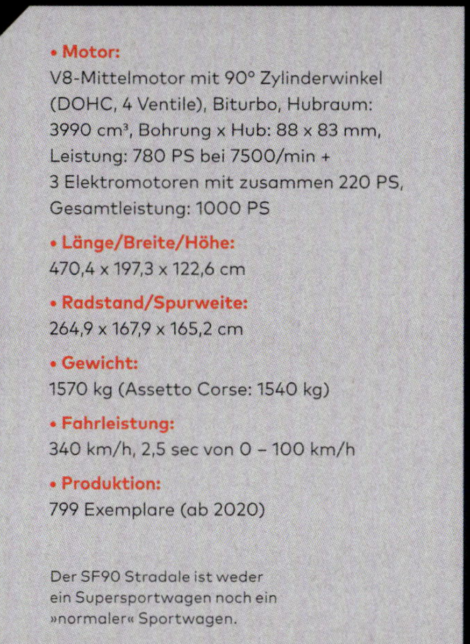

- **Motor:**
V8-Mittelmotor mit 90° Zylinderwinkel (DOHC, 4 Ventile), Biturbo, Hubraum: 3990 cm³, Bohrung x Hub: 88 x 83 mm, Leistung: 780 PS bei 7500/min + 3 Elektromotoren mit zusammen 220 PS, Gesamtleistung: 1000 PS
- **Länge/Breite/Höhe:**
470,4 x 197,3 x 122,6 cm
- **Radstand/Spurweite:**
264,9 x 167,9 x 165,2 cm
- **Gewicht:**
1570 kg (Assetto Corse: 1540 kg)
- **Fahrleistung:**
340 km/h, 2,5 sec von 0 – 100 km/h
- **Produktion:**
799 Exemplare (ab 2020)

Der SF90 Stradale ist weder ein Supersportwagen noch ein »normaler« Sportwagen.

Ferrari hat die erfreuliche Angewohnheit, sein Programm stets von einem Supersportwagen anführen zu lassen. Nach nur wenigen Monaten Pause tritt der SF90 Stradale die Nachfolge des LaFerrari an. SF steht für Scuderia Ferrari, die 90 für den 90. Geburtstag derselben. An diesem Coupé der Superlative ist alles neu. Neben dem Carbon-Chassis und dem aerodynamischen Design, das den Abtrieb optimiert, ist der Plug-in-Hybridantrieb die größte Neuerung des SF90 Stradale. Ob es Puristen und Nostalgikern gefällt oder nicht: Beim Benzinmotor handelt es sich nicht um einen V12, sondern um einen V8 mit Turbolader. Er wird von drei Elektromotoren unterstützt: einem zwischen Motor und Achtganggetriebe und zwei weiteren an der Vorderachse. Die Gesamt-Motorleistung beträgt ca. 1000 PS.

Was das Styling angeht, wird der SF90 Stradale intern von Flavio Manzonis Team entwickelt, um Ästhetik und Aerodynamik perfekt in Einklang zu bringen. Im Gegensatz zum LaFerrari, der zwei tiefe Öffnungen in den Flanken besitzt, ist der SF90 Stradale optisch entschlackt. Das Profil kommt ohne Kiemen aus, lediglich auf den hinteren Kotflügeln befinden sich Lufteinlässe. In der Draufsicht offenbart die Silhouette die Kompaktheit des SF90 Stradale, die vorgeschobene Position des Cockpits und das originelle und harmonische Design der Verglasung über dem Cockpit und dem Motor.

Der SF90 kann in der Option »Assetto Fiorano« bestellt werden, bei der für bestimmte Teile entweder Kohlefaser (Türverkleidungen, Unterboden) oder Titan (Federn, Auspuff) verwendet wird. Der Heckspoiler erzeugt bei 250 km/h einen Abtrieb von 390 kg. Die Motorisierung bleibt unverändert.

VARIANTE

FERRARI SF90 SPIDER

Maranello, Mai 2019

Sechs Monate nach der Coupé-Version des SF90 entsteht eine offene Version mit versenkbarem Harttop. Der Spider ist in der Option »Assetto Corsa« erhältlich, die sich durch eine zweifarbige Karosserie auszeichnet. Geplant ist, den Spider in 599 Exemplaren zu produzieren.

- **Motor:**
V8-Mittelmotor mit 90° Zylinderwinkel (DOHC, 4 Ventile), Biturbo, Hubraum: 3990 cm³, Bohrung x Hub: 88 x 83 mm, Leistung: 780 PS bei 7500/min + 3 Elektromotoren mit zusammen 220 PS, Gesamtleistung: 1000 PS
- **Länge/Breite/Höhe:**
470,4 x 197,3 x 119,1 cm
- **Radstand/Spurweite:**
264,9 x 167,9 x 165,2 cm
- **Gewicht:**
1670 kg (Assetto Corse: 1540 kg)
- **Fahrleistung:**
340 km/h, 2,5 sec von 0 – 100 km/h
- **Produktion:**
599 Exemplare (ab 2021)

Die Roadster-Variante des SF90.

HISPANO-SUIZA CARMEN

Genf, März 2019

Der Hispano-Suiza Carmen wird zum Verkauf angeboten.

1904 wurde vom Schweizer Konstrukteur Marc Birkigt und dem Spanier Damián Mateu in Barcelona eine Automobilfabrik gegründet. Fünf Jahre später entstand eine Niederlassung bei Paris. Hispano-Suiza-Automobile zählten zu den luxuriösesten der Welt, doch nach dem Zweiten Weltkrieg konzentrierte man sich auf Flugzeugmotoren. Bei mehreren Gelegenheiten haben Investoren den Wunsch geäußert, das Label in Spanien wieder aufleben zu lassen. Die Industriegruppe Mazel stellt im März 2000 das interessante Projekt HS21 vor, das teilweise an den Bugatti Veyron erinnert. Eine sportlichere und weniger originelle Variante namens HS21-GTS wird 2002 entwickelt. Ein weiterer Schritt findet im März 2010 statt: Der deutsche Designer Erwin Himmel, ehemaliger Chef des Volkswagen-Designzentrums in Katalonien, kündigt die Gründung der Hispano-Suiza Automobilmanufaktur AG in Baar im Schweizer Kanton Zug an. In Genf stellt er das Coupé GTC vor, das technisch auf dem Audi R8 basiert. Zehn Jahre später verspricht er immer noch die Markteinführung, dann verschwindet das Projekt in der Versenkung.

Gleichzeitig wird im März 2019 in Girona ein neues Unternehmen namens »Hispano-Suiza Cars« gegründet, dessen Initiative von Miguel Suqué Mateu, dem Urenkel des Mitbegründers der spanischen Marke, stammt. Diesmal soll der Antrieb komplett elektrisch sein; das Styling orientiert sich an dem mit einem Hispano-Suiza-Motor ausgerüsteten Dubonnet Xenia von 1938. Eine Variante namens »Boulogne« mit mehr Leistung und weniger Gewicht wird im März 2020 vorgestellt.

- **Motor:**
  2 Permanentmagnet-Elektromotoren an der Hinterachse mit zusammen 1019 PS (Boulogne: 1115 PS)
- **Länge/Breite/Höhe:**
  473,3 x 204 x 124,2 cm
- **Radstand:**
  280 cm
- **Gewicht:**
  1690 kg
- **Fahrleistung:**
  250 km/h (begrenzt), 3,0 sec von 0 – 100 km/h
- **Produktion:**
  19 Exemplare (2019 – 2021) + 5 Boulogne (ab 2021)

Der Hispano-Suiza GTC ist ein reiner Prototyp.

Der Prototyp des Hongqi S9 wird 2019 präsentiert.

HONGQI S9

Frankfurt, September 2019

Die chinesische Marke Hongqi (»Rote Fahne«) wird bisher mit Repräsentationsfahrzeugen in Verbindung gebracht. Die First Automobile Works (FAW), eine 1953 gegründete Fabrik zur Herstellung von Nutzfahrzeugen, stellte fünf Jahre später ihren ersten Prototyp vor. Seitdem sind Hongqi-Limousinen, ob geschlossen oder als Cabrio, bei allen Paraden und Feierlichkeiten im Reich der Mitte zu bewundern. Seit 2013 hat FAW seine Zielgruppe erweitert, indem es Limousinen und SUVs für die breite Öffentlichkeit anbietet. Nachdem ein Jahr zuvor Giles Taylor als Leiter der Designabteilung eingestellt worden war, kündigte FAW 2019 zudem den Supersportwagen S9 an. Der 1968 geborene Brite war nach seiner Ausbildung an der Coventry University und am Royal College of Art zunächst in Frankreich bei PSA (1992) tätig. Von 1997 bis 2011 arbeitete er für Jaguar und von 2011 bis 2018 für Rolls-Royce, bevor er sich Hongqi zuwandte.

Im Februar 2021 nimmt das S9-Projekt eine neue Wendung, als ein Joint Ventures von FAW mit dem italienischen Unternehmen Silk EV aus Modena bekannt gegeben wird. Die Produktion des S9 wird in einer neuen Anlage in Gavassa unweit von Modena erfolgen. Walter de Silva, ein weiterer bekannter italienischer Designer, wird beauftragt, das Design des S9 fertigzustellen.

- **Motor:**
  V8-Mittelmotor mit 90° Zylinderwinkel (DOHC, 4 Ventile), Biturbo, Hubraum: 3988 cm³, Leistung: 918 PS + 3 Elektromotoren mit zusammen 530 PS, Gesamtleistung: 1420 PS
- **Länge/Breite/Höhe:**
  488,5 x 205,3 x 116,6 cm
- **Radstand:**
  nicht bekannt
- **Gewicht:**
  nicht bekannt
- **Fahrleistung:**
  402 km/h, 1,9 sec von 0 – 100 km/h
- **Produktion:**
  70 Exemplare (geplant, ab 2021)

Der 2021 von Walter de Silva weiterentwickelte Hongqi S9.

2010 – 2019

LAMBORGHINI SIÁN FKP 37

Frankfurt, September 2019

Ein neues Sondermodell auf Basis des Aventador: der Lamborghini Sián.

Einmal mehr wird aus einem Concept-Car ein Super-Car. Der Sián markiert die Ankunft eines neuen Chefdesigners bei Lamborghini: Mitja Borkert wurde 1974 in Brandenburg geboren, machte sein Diplom an der Hochschule für Gestaltung in Pforzheim und arbeitete seit 1999 bei Porsche in Weissach, wo er es bis 2014 zum »Director of Exterior Design« brachte. Im April 2016 löst er bei Lamborghini Filippo Perini als Leiter des Centro Stile ab. Seine erste Aufgabe besteht darin, die Studie des im November 2017 in Boston vorgestellten Konzeptfahrzeugs Terzo Millennio zu leiten.

Der Sián FKP 37 basiert auf dem Aventador, hat aber eine Karosserie mit einem völlig eigenen Stil. Bei der Motorisierung wird mit einem auf Super-Kondensatoren (statt Batterien) basierenden Hybridsystem ein neuartiges Konzept eingeführt. Die Produktionszahl von 63 Exemplaren bezieht sich auf das Gründungsjahr von Lamborghini. Die Gesamtauflage wird innerhalb weniger Wochen verkauft – trotz (oder gerade wegen?) eines festgelegten Verkaufspreises von 3,7 Millionen US-Dollar. Nach dem Tod von Ferdinand Karl Piëch im August 2019 wird das Auto schließlich anhand dessen Initialen und Geburtsjahr »Sián FKP 37« bezeichnet. Piëch hatte die Geschichte des Automobils durch die Tür der Technik betreten und sich durch das Spiel der Politik in ihr niedergelassen. Ferdinand Piëch war der Enkel des berühmten Professors Ferdinand Porsche und trat nach seinem Studium im April 1963 bei Porsche ein. Zwei Jahre später stieg er in die Entwicklungsabteilung auf, wo er für die Konstruktion zahlreicher Rennwagen, darunter des berühmten 917, verantwortlich war.

- **Motor:**
  V12-Mittelmotor mit 60° Zylinderwinkel (DOHC, 4 Ventile), Hubraum: 6498 cm³, Bohrung x Hub: 95 x 76,4 mm, Leistung: 785 PS bei 8500/min + Elektromotor mit 34 PS, Gesamtleistung: 819 PS
- **Länge/Breite/Höhe:**
  498 x 210,1/226,5 x 113,3 cm
- **Radstand:**
  270 cm
- **Gewicht:**
  1600 kg
- **Fahrleistung:**
  350 km/h, 2,8 sec von 0 – 100 km/h
- **Produktion:**
  63 Exemplare (2019 – 2022)

Im August 1972 verließ Piëch Porsche und ging zu Audi NSU in Neckarsulm, wo er ebenfalls die Forschungs- und Entwicklungsabteilung leitete und die Entstehung des revolutionären Audi Quattro beaufsichtigte. Er setzte seinen Aufstieg in den Vorzimmern der Macht fort, trat 1981 in den Vorstand von Porsche ein, wurde 1988 Vorstandsvorsitzender von Audi und leitete ab 1993 den Volkswagen-Konzern. Ab 1998 spielte Piëch schließlich eine entscheidende Rolle bei der Übernahme von Lamborghini durch die Audi AG.

VARIANTE

LAMBORGHINI SIÁN ROADSTER

Sant'Agata Bolognese, Juli 2020

Dieser als Superlativ angekündigte Roadster wird im Juli 2020 – und damit auf dem Höhepunkt der globalen Covid-19-Pandemie – im Zusammenhang mit dem wiedereröffneten Lamborghini-Museum in Sant'Agata Bolognese enthüllt. Technisch ähnelt die offene Version dem Coupé Sián FKP 37, der Hinweis auf Ferdinand Piëch entfällt jedoch. Die 19 geplanten Modelle sind noch vor der offiziellen Vorstellung des Modells per Losentscheid verkauft.

Bei Lamborghini werden Liebhaber von Frischluft-Supersportwagen nicht vergessen.

- **Motor:**
  V12-Mittelmotor mit 65° Zylinderwinkel (DOHC, 4 Ventile), Hubraum: 6498 cm³, Bohrung x Hub: 95 x 76,4 mm, Leistung: 785 PS bei 8500/min plus Elektromotor mit zusätzlichen 34 PS, was die gesamte Leistung auf 819 PS bringt
- **Länge/Breite/Höhe:**
  498 x 210,1/226,5 x 113,3 cm
- **Radstand:**
  270 cm
- **Gewicht:**
  1638 kg
- **Fahrleistung:**
  350 km/h, 2,9 sec von 0 – 100 km/h
- **Produktion:**
  19 Exemplare

PORSCHE 911 SPEEDSTER (991)

Stuttgart, Juni 2019

Die Bezeichnung Speedster, die 1955 für den 356 erfunden und 1988, 1993 und 2012 für limitierte 911-Modelle verwendet wurde, wird von Porsche auch 2019 wieder aufgegriffen. Dieser Nachname wird ganz zum Schluss (sieben Jahre nach ihrer Einführung) in die Generation 991 eingeführt – allerdings zunächst nur als Konzeptfahrzeug. Der neue 911 Speedster kommt schließlich ab April 2019 auf den Markt. Mittlerweile hat bei anderen 911-Modellen die Generation 992 den 991 ersetzt. Wie der Carrera GTS, der Turbo, der Turbo S und der GT3R behält auch der Speedster die allgemeinen Merkmale der im September 2011 geborenen 991-Generation bei. Die immerhin auf 1948 Exemplare limitierte Auflage ist in erster Linie für Sammler gedacht.

- **Motor:**
  Sechszylinder-Boxer-Heckmotor (DOHC, 4 Ventile), Hubraum: 3996 cm³, Bohrung x Hub: 102 x 81,5 mm, Leistung: 510 PS bei 8400/min
- **Länge/Breite/Höhe:**
  456,2 x 185,2/197,8 x 125 cm
- **Radstand/Spurweite:**
  245,7 x 155,1 x 155,5 cm
- **Gewicht:**
  1465 kg
- **Fahrleistung:**
  310 km/h, 4,0 sec von 0 – 100 km/h
- **Produktion:**
  1948 Exemplare (2019)

Traditionell wird der Speedster bei Porsche in einer limitierten Auflage gebaut.

KOENIGSEGG JESKO

Genf, März 2019

- **Motor:** V8-Mittelmotor mit 90° Zylinderwinkel (DOHC, 4 Ventile), Biturbo, Hubraum: 5065 cm³, Bohrung x Hub: 92 x 95,25 mm, Leistung: 1280 PS bei 8500/min (1600 PS mit E85-Kraftstoff)
- **Länge/Breite/Höhe:** 484,5 x 203 x 121 cm
- **Radstand:** 270 cm
- **Gewicht:** 1420 kg
- **Fahrleistung:** > 480 km/h
- **Produktion:** 125 Exemplare (ab 2021 – inkl. Jesko Absolut)

Wer wie der Vater des Firmengründers heißt, muss ein würdiger Nachfolger der Agera-Linie sein.

Die fantastische Maschine, die die schwere Aufgabe hat, die Nachfolge des Koenigsegg Agera anzutreten, hört auf den Namen Jesko – als Hommage an den Vater des Firmengründers Christian von Koenigsegg. Obwohl es sich um ein völlig neu gestaltetes Auto handelt, bewahrt der Jesko den Geist der Vorgängermodelle und den individuellen Stil der schwedischen Marke. Die Karosserie wird taktvoll aktualisiert. Das von Joachim Nordwall stammende Design ist mit prägnanten Kotflügeln und von Sicken und Rippen durchzogenen Flanken aggressiver als bei früheren Modellen. Die Aerodynamik wird natürlich sehr sorgfältig ausgearbeitet und bietet einen Abtrieb von über 1000 kg. Allerdings gibt der Hersteller nur noch einen Mindestwert für die Höchstgesachwindigkeit an!

Im Vergleich zum Agera hat sich der Jesko hinsichtlich der Ergonomie und des Innenraums deutlich verbessert. Technisch kann der Jesko als Weiterentwicklung seines Vorgängers betrachtet werden. Es ist möglich, eine »saubere« Motorisierung zu wählen, die mit Biokraftstoff gefüttert wird und zudem deutlich mehr Leistung bietet.

Der V8-Motor ist mit einem neuen Neungang-Getriebe kombiniert, das Koenigsegg Light Speed Transmission (LST) genannt wird.

Der Jesko soll in 125 Exemplaren erstmals weltweit angeboten werden.

VARIANTE

KOENIGSEGG JESKO ABSOLUT

Ängelholm, April 2022

Ein wichtiger Grundsatz bei Koenigsegg lautet: Es ist immer möglich, sich selbst zu übertreffen! Durch eine verbesserte Aerodynamik (Cw-Wert auf 0,278 gesenkt), eine Erhöhung des Anpressdrucks von 1400 auf 150 kg, die Absenkung des Gewichts auf 1290 kg, neue Felgen, die Streichung des imposanten Heckflügels und ein neu gestaltetes Heck kann der Geschwindigkeitsrekord für Serienfahrzeuge auf 531 km/h angehoben werden.

LOTUS EVIJA

Hethel, Juli 2019

- **Motor:**
4 Elektromotoren mit 510 PS, Gesamtleistung: 2040 PS
- **Länge/Breite/Höhe:**
445,9 x 200 x 112,2 cm
- **Gewicht:**
1887 kg
- **Fahrleistung:**
320 km/h, 3,0 sec von 0 – 100 km/h
- **Produktion:**
130 Exemplare (ab 2021)

Lotus liefert den Beweis, dass auch Supersportwagen rein elektrisch angetrieben werden können.

Die Existenz der Firma Lotus ist kein langer, ruhiger Fluss. Lotus wurde 1952 von Colin Chapman gegründet und gewann zwischen 1963 und 1978 siebenmal die Formel-1-Weltmeisterschaft. Lotus ging mehrere unglückliche Allianzen ein und wanderte nacheinander durch die Hände von General Motors (1986), Bugatti Automobili (1993) und Proton (1996). Im Juni 2017 trennte sich die malaysische Firma DRB-Hicom von Proton, das ihr seit 2012 gehörte. Sie verkauft 49,9 Prozent von Proton und 51 Prozent von Lotus an die chinesische Gruppe Zhejiang Geely Holding. Die restlichen 49 Prozent von Lotus werden von Etika Automotive, einem anderen malaysischen Konzern, erworben. Bei Geely schließt sich Lotus damit Volvo (seit 2010 übernommen) und der London Electric Vehicle Company (LEVC) an – der Erbin des historischen Herstellers der berühmten Londoner Taxis, die 2013 geschluckt wurde.

Nachdem Lotus sich etwa zwanzig Jahre lang auf die Monokultur der kleinen Elise verlassen hatte, erfährt das Unternehmen einen neuen Impuls. Es wird eine völlig neue Modellreihe zusammengestellt, die hauptsächlich auf Elektroantriebe basiert. Mit dem Evija leistet Lotus seinen Beitrag zum Hype um die Supersportwagen. Im Rahmen des grassierenden Überbietungswettbewerbs beansprucht dieses Projekt Mk 130 eine Rekordleistung von über 2000 PS sowie ein Rekorddrehmoment von 1700 Nm. Der Motor wird von Integral Powertrain geliefert und das Getriebe ist von Williams entwickelt worden. Der Evija braucht weniger als neun Sekunden, um auf 300 km/h zu beschleunigen. Die Karosserie aus Kohlefaser wird vom Team um Russell Carr entworfen, das mit Lotus Cars durch alle Wirren und Turbulenzen gegangen ist. Russell Carr, der an der Universität Coventry studierte, arbeitete fast zwei Jahre lang (1988-1990) für das Designstudio MGA, bevor er eine lange Karriere bei Lotus begann, wo er 2014 schließlich Chef wurde und die Nachfolge von Donato Coco antrat.

PININFARINA BATTISTA

Genf, März 2019

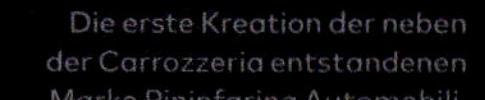

Die erste Kreation der neben der Carrozzeria entstandenen Marke Pininfarina Automobili.

- **Motor:**
  4 Elektromotoren, Gesamtleistung: 1900 PS
- **Länge/Breite/Höhe:**
  491,2 x 224 x 121,4 cm
- **Radstand:**
  274,5 cm
- **Gewicht:**
  2140 kg
- **Fahrleistung:**
  358 km/h, 1,9 sec von 0 – 100 km/h
- **Produktion:**
  150 Exemplare (ab 2020)

1930 gründet Battista Farina ein eigenes Unternehmen, um sich vom Karosseriebaubetrieb Stabilimenti Farina seines Bruders Giovanni zu trennen. Er nennt es Pinin Farina, da Battista in seiner Familie den Spitznamen Pinin trägt, was im piemontesischen Dialekt »der Kleine« bedeutet. Das Unternehmen florierte und teilte seine Aktivitäten zwischen der Anfertigung von Spezialkarosserien und der Herstellung von Kleinserien für andere Autohersteller auf. 1959 übergab Battista Farina die Leitung seines Unternehmens an seinen Sohn Sergio und seinen Schwiegersohn Renzo Carli. Pininfarina durfte ab 1961 durch ein Dekret des Präsidenten der Italienischen Republik in einem Wort geschrieben werden. Battista Pininfarina starb am 3. April 1966 in Lausanne.

Im neuen Jahrtausend musste sich die Carrozzeria an die Veränderungen der Autoindustrie anpassen: Die europäischen Autohersteller setzten immer weniger auf unabhängige Designer und bauten auch Kleinserien lieber selbst. Pininfarina verkauft sein Montagewerk an den Fiat-Konzern und konzentriert sich wieder auf seine kreative Tätigkeit, allerdings hauptsächlich für chinesische Hersteller.

Zur Feier von Pininfarinas 90. Geburtstag wird im März 2020 eine spezielle Anniversario-Version enthüllt.

Sergio Pininfarina übergibt die Firmenleitung nach und nach an seinen Sohn Andrea, der jedoch im Juli 2008 im Alter von 51 Jahren bei einem Unfall verstirbt. Die Zeiten werden immer schlechter. Um seine Finanzen zu sanieren, ist die Pininfarina S.p.A. im Januar 2009 gezwungen, die im September 2003 erworbene Matra Automobile Engineering Group, zu der auch D3 und Ceram gehörten, an Segula Technologies weiterzuverkaufen. Im Januar 2008 schließt sich Pininfarina mit der Bolloré-Gruppe zur Electric Vehicles Pininfarina Bolloré SAS zusammen, um ein elektrisches Stadtauto namens Bluecar zu entwickeln, das in Frankreich jahrelang zu den meistverkauften Elektroautos gehört. Im Januar 2009 kann Pininfarina den Konkurs abwenden, indem es eine Vereinbarung mit den Gläubigerbanken unterzeichnet. Durch diese Vereinbarung wird zwar ein Teil der Schulden getilgt, aber 75 % des Unternehmenskapitals gehen in die Hände der Banker über. Die Familie Pininfarina verliert daraufhin die Mehrheitskontrolle über die Pincar-Holding, indem sie ihren Anteil von 50,6 % veräußert. Im März 2011 kauft die Bolloré-Gruppe den Joint-Venture-Anteil von Pininfarina auf. Am 15. Dezember 2015 beendet die Unterzeichnung einer Vereinbarung mit der Mahindra-Gruppe über den Erwerb von 76 % des Unternehmens die monatelangen Spekulationen.

Um sich wieder zu erholen, gründet das Unternehmen die Firma Automobili Pininfarina, die am 13. April 2018 in Rom am Rande des Formel-E-Rennens offiziell ins Leben gerufen wird. Diese Tochtergesellschaft widmet sich der Entwicklung und Produktion eines Supersportwagens, der unter ihrem Namen verkauft werden soll. Das Projekt PF0 wird im Juli 2018 in Pebble Beach bestätigt, ebenso wie das Team, das mit seiner Entwicklung beauftragt ist: An der Spitze steht der ehemalige Audi-Indien-Leiter Michael Perschke und am Zeichenbrett sitzt Luca Borgogno. Das 2019 in Genf enthüllte Design des Battista beruft sich auf den »Pura«-Stil. Denn im Vergleich zu vielen anderen Supersportwagen ist dieser Battista wunderbar schlicht. Für den technischen Bereich, insbesondere den auf alle vier Räder verteilten Elektroantrieb, stützt sich Pininfarina auf das Know-how der kroatischen Firma Rimac. Zur Feier von Pininfarinas 90. Geburtstag wird im März 2020 eine spezielle Anniversario-Version enthüllt. Die leichte und aerodynamisch optimierte Serie ist auf fünf Exemplare beschränkt, die in Cambiano handgefertigt werden und 2,6 Millionen Euro kosten.

DIE 2020ER-JAHRE

Die Fee Elektrizität

Ahnte Raoul Dufy, als er 1937 für die Weltausstellung in Paris das 60 x 10 Meter große Wandgemälde »La Fée Électricité« fertigstellte, dass die elektrische Energie ein Jahrhundert später als Allheilmittel gepriesen werden würde, als Wundermittel, das den Klimawandel verlangsamen soll? Wahrscheinlich nicht. Und es interessierte auch niemanden. Heute müssen sich alle Autos, auch die kleinsten, hierzu hinterfragen lassen, um überhaupt noch existieren zu dürfen.

Die Covid-19-Epidemie, die im Jahr 2020 den ganzen Planeten erfasst, verschärft die Realität von Entbehrungen, die zuvor vernachlässigt wurden. Nun stellt sich jeder die Frage, wie man konsumiert und welche Auswüchse die Globalisierung hat, die zu Sucht und Mangel führt. Nachdem die Frage der globalen Erwärmung lange Zeit nur eine Angelegenheit von Visionären gewesen war, betrifft sie jetzt auch die Mehrheit der Erdbewohner. Das *Intergovernmental Panel on Climate Change* (IPCC) erinnert daran, dass wir mit einem noch schnelleren Temperaturanstieg rechnen müssen, als lange Zeit angenommen wurde. In diesem angstbesetzten Klima steht der Verkehr zwangsläufig im Fokus. Laut einem Bericht der Internationalen Energieagentur (IEA) aus dem Jahr 2018 ist der Verkehr mit 25 Prozent der Gesamtemissionen aus der Energieverbrennung der zweitgrößte CO2-Emittent der Welt – hinter der Stromerzeugung (41 %) und vor der Industrie (18 %). Im Juni 2022 entscheidet die Europäische Kommission, die schädlichen Auswirkungen der Mobilität zu begrenzen. Mit einer großen Mehrheit (339 Ja-Stimmen, 249 Nein-Stimmen und 24 Enthaltungen) stimmten die Abgeordneten für ein Verkaufsverbot von Autos mit Verbrennungsmotor ab 2035. Diese Entscheidung berücksichtigt jedoch nicht die kollateralen Folgen der Gewinnung von in Batterien verwendeten Metallen (Lithium, seltene Erden, Kobalt usw.), das Recyclings der Batterien und den intensiven Anstieg der Stromerzeugung. In China ist letztere noch zu über 70 Prozent von der Kohleverbrennung abhängig. In einem Europa, das erneuerbaren Energien gegenüber aufgeschlossener ist, machen Solar- und Windenergie noch einen geringen Anteil aus, stören aber bereits für viele das Landschaftsbild, während die Kernenergie aufgrund der Entsorgung radioaktiver Abfälle auf Vorbehalte stößt.

Als Gegenpol zu den politischen Aufforderungen hört man wenig von der Nutzung anderer sauberer Energiequellen, wie Wasserstoff, der mithilfe einer Brennstoffzelle in Elektrizität umgewandelt wird, oder synthetische, erneuerbare Kraftstoffe aus der Landwirtschaft und der Kreislaufwirtschaft. Im Jahr 2022 führen die Autos der Langstrecken-Weltmeisterschaft diesen nachhaltigen Kraftstoff ein, in der Formel 1 soll dies ab 2026 geschehen. Dieser von TotalEnergies entwickelte Kraftstoff ist zu 100 % erneuerbar und wird ohne einen Tropfen Erdöl hergestellt. Er ermöglicht eine sofortige Reduzierung der CO2-Emissionen um mindestens 65 Prozent. Es stammt aus Biomasse, die aus Rohstoffen aus dem Weinbau und Rückständen von landwirtschaftlichen Abfällen gebildet wird. Ethanol wird durch Fermentation gewonnen und seine Moleküle werden dann in Kohlenwasserstoffe umgewandelt. Dieser Biokraftstoff hat keine Auswirkungen auf die Nahrungskette, da die zurückgehaltenen Abfälle nicht durch Menschen oder Tiere verwertet werden können.

In der unmittelbaren Zukunft bereiten sich die Hersteller auf die Energiewende vor, indem sie an Elektroantrieben arbeiten, darunter sind auch Spezialisten, die außergewöhnliche Automobile anbieten. Die Hersteller von Supersportwagen verkünden in feierlichem Ton das Verschwinden von Verbrennungsmotoren, während ihre Designer ganz neue Register ziehen können. Sie werden oft gebeten, fantastische Autos zu entwerfen, die das Spiel *Gran Turismo* auf den Bildschirmen der PlayStation-Konsolen zum Leben erwecken sollten, und wenden das gleiche Vokabular nun auf einen Schwarm echter Superlativ-Autos an. Die Maschinen, die aus einem Universum der Gewalt und des Zorns entflohen zu sein scheinen, vermehren sich ins Unermessliche. Die durch die Pandemie im Jahr 2020 verursachte Eindämmung ist nicht ganz unschuldig an dieser erschreckenden Anziehungskraft der Menschheit auf die Virtualisierung der Welt. Supersportwagen sind zweifellos die *Dream Cars* von heute.

Unsere Gesellschaft hat die Träume, die sie verdient.

BENTLEY MULLINER BACALAR

Crewe, März 2020

Bentley entdeckt den Zweig der Exklusivität.

Nach und nach stellt Bentley die sportliche Ader wieder her, durch die man sich einst von Rolls-Royce unterschied, als die beiden Marken noch unter einem Dach existierten. Heute werden bei Bentley alle Sonderaufträge und Sonderanfertigungen in der Veredelungswerkstatt Mulliner gefertigt, die nach einem der größten englischen Karosseriebaubetriebe benannt ist.

- **Motor:**
  W12-Frontmotor mit 90° Zylinderwinkel (DOHC, 4 Ventile), Biturbo, Hubraum: 5998 cm³, Bohrung x Hub: 84 x 90,2 mm, Leistung: 659 PS bei 6000/min
- **Länge/Breite/Höhe:**
  nicht bekannt
- **Radstand:**
  274,5 cm
- **Gewicht:**
  2226 kg
- **Fahrleistung:**
  320 km/h, 3,6 sec von 0 – 100 km/h
- **Produktion:**
  12 Exemplare (2020)

Die Firma H. J. Mulliner wurde 1897 von Henry Jervis Mulliner in Chiswick, einem Stadtteil im Westen von London, gegründet. Sie stellte zunächst Anhängerkupplungen her, wechselte dann in die Automobilbranche und verankerte sich schließlich im Luxusbereich. H. J. Mulliner war lange Zeit einer der bevorzugten Partner von Rolls-Royce Motors und damit auch von der Bentley Motors Ltd., die 1931 übernommen wurde. Mulliner wurde schließlich im Juli 1959 von Rolls-Royce geschluckt und mit dem anderen werkseigenen Karosseriehersteller Park Ward zu einer gemeinsamen Einheit verschmolzen.

Der Mulliner Bacalar ist ein exklusives zweisitziges Sportcabriolet, das auf dem Continental GT basiert. Das Design ist entsprechend angepasst und der Motor deutlich stärker. Die Produktion wird auf 12 Exemplare beschränkt.

CZINGER 21C

Genf, März 2020

- **Motor:**
V8-Mittelmotor mit 90° Zylinderwinkel (DOHC, 4 Ventile), Biturbo, Hubraum: 2880 cm³, Leistung: 963 PS bei 10.500/min + 3 Elektromotoren, Gesamtleistung: 1267 PS
- **Länge/Breite/Höhe:**
459,7 x 205 x 109,2 cm
- **Radstand:**
269,2 cm
- **Gewicht:**
1250 kg
- **Fahrleistung:**
405 km/h, 1,9 sec von 0 – 100 km/h
- **Produktion:**
80 Exemplare (ab 2021)

Kevin Czinger hatte geplant, seine Marke auf dem Genfer Salon 2020 einzuführen, der Stand war bereits aufgebaut, doch die Ausstellung wurde wenige Stunden vor ihrer Eröffnung wegen der Coronavirus-Pandemie abgesagt. Damit verpasst das europäische Publikum die große Premiere dieser ernsthaften und spektakulären amerikanischen Initiative, die zu den wenigen gehört, die ein Leistungsgewicht von 1:1 für sich beanspruchen. Viele Teile des Autos werden im 3D-Druckverfahren hergestellt, das komplexe, organisch anmutende Strukturen ermöglicht. Um das Cockpit möglichst schmal zu machen, sitzt der Passagier hinter dem Piloten.

Leistungsgewicht und Sitzordnung wie ein Kampfflugzeug: Der Czinger 21C.

FERRARI OMOLOGATA

Maranello, September 2020

Ferrari führt auch weiterhin Sonderbestellungen aus. Dazu gehört dieses Einzelstück für »einen erfahrenen europäischen Kunden«. Das auf einem 812 Superfast basierende Coupé wird komplett neugestaltet – mit der kaum verhüllten Absicht, an den 250 GTO zu erinnern. Nur die Windschutzscheibe und die Scheinwerfer des 812 bleiben beibehalten, während die schlichte Gesamtlinie sinnliche Rundungen aufweist, die durch eine Lackierung in einem neuartigen »Magma«-Rot hervorgehoben werden. Die Technik des 812 Superfast wird hingegen unverändert übernommen – darunter der stärkste je in einem Ferrari-Tourenwagen eingebaute Motor.

- **Motor:**
  V12-Frontmotor mit 65° Zylinderwinkel (DOHC, 4 Ventile), Hubraum: 6496 cm³, Bohrung x Hub: 94 x 78 mm, Leistung: 800 PS bei 8500/min
- **Länge/Breite/Höhe:**
  466 x 197 x 127 cm
- **Radstand:**
  272 cm
- **Gewicht:**
  1525 kg
- **Fahrleistung:**
  340 km/h, 2,9 sec von 0 – 100 km/h
- **Produktion:**
  1 Exemplar (2020)

Das Phantom des 250 GTO lebt weiter.

2020 – 2024

KOENIGSEGG GEMERA

Genf, März 2020

Der Gemera soll für Koenigsegg ein neues Publikum ansprechen.

Der Gemera kann wegen der Absage des Genfer Salons 2020 zunächst nur online besichtigt werden. Erstmals bietet der schwedische Hersteller ein Modell mit vier Sitzen und einem (immerhin 200 Liter großen) Kofferraum an – das macht den im typischen Koenigsegg-Stil gehaltenen Wagen jedoch noch nicht zu einer Familienkutsche! Der kompakte Verbrennungsmotor sitzt vor der Hinterachse, der an der Vorderachse angeordnete Elektromotor kann auf die Vorderräder und/oder die Hinterräder wirken.

2023 wird der Gemera HV8 mit einem Fünfliter-V8-Biturbo-Triebwerk angekündigt, das allein 1500 PS leisten soll. Damit steigt die Gesamtleistung auf 2300 PS! Die Produktion soll Ende 2024 beginnen.

- **Motor:**
  Reihendreizylinder-Mittelmotor (DOHC, 4 Ventile), Biturbo, Hubraum: 1988 cm³, Bohrung x Hub: 95 x 93,5 mm, Leistung: 600 PS bei 7500/min + Elektromotor mit 800 PS, Gesamtleistung: 1400 PS
- **Länge/Breite/Höhe:**
  497,5 x 198,8 x 129,5 cm
- **Radstand:**
  300 cm
- **Gewicht:**
  1850 kg
- **Fahrleistung:**
  400 km/h, 1,9 sec von 0 – 100 km/h
- **Produktion:**
  300 Exemplare (geplant ab 2024)

GMA T.50

Guildfort, August 2020

Dreißig Jahre nach der Entwicklung des McLaren F1 legt Gordon Murray erneut seine Vision eines idealen Supersportwagens dar, doch diesmal handelt es sich um eine persönliche Initiative, die er in seinem eigenen Namen durchführt. 2017 baute er die Gordon Murray Group auf, die ihren Sitz im südwestlich von London gelegenen Guildford hat und die Firmen Gordon Murray Automotive und Gordon Murray Technologies vereint.

Der T.50 lässt den Geist des McLaren F1 in vielerlei Hinsicht wieder aufleben: Er übernimmt die Anordnung der drei Frontsitze mit dem zentralen Fahrerplatz; und er zeichnet sich durch das Streben nach extremer Leichtigkeit, kompakten Abmessungen und weichen Formen aus, die ohne zusätzliche aerodynamische Anbauten auskommen.

Außerdem kommt beim T.50 ein bereits 1978 von Murray im Formel-1-Rennwagen Brabham BT46B erprobtes Sauggebläse zum Einsatz, mit dem unter dem Auto ein Unterdruck erzeugt werden soll, der den Anpressdruck erhöht. Damals wurde die Technik verboten, weil das Gebläse Sand und Kies auf die Verfolger schleuderte. Beim T.50 wird der 40 cm große Ventilator von einem Elektromotor angetrieben, sodass er für den Betrieb auf öffentlichen Straßen abgeschaltet werden kann.

Für 2,36 Mio. Pfund (ohne Steuern) bekommt der Kunde noch nicht einmal eine Tonne Auto.

Einfache Linien, um ein brillantes Konzept zu verkleiden.

- **Motor:**
  V12-Mittelmotor mit 65° Zylinderwinkel (DOHC, 4 Ventile), Hubraum: 3994 cm³, Bohrung x Hub: 81,5 x 63,8 mm, Leistung: 663 PS bei 11.500/min
- **Länge/Breite/Höhe:**
  435,2 x 185 x 116,4 cm
- **Radstand/Spurweite:**
  270 x 158,6 x 152,5 cm
- **Gewicht:**
  986 kg
- **Fahrleistung:**
  355 km/h, 2,8 sec von 0 – 100 km/h
- **Produktion:**
  100 Exemplare (ab 2023)

VARIANTE

GMA T.50S NIKI LAUDA

Guildfort, Februar 2021

Mit diesem Hochleistungsmodell ehrt Gordon Murray den 2019 verstorbenen Österreicher Niki Lauda, der in den Saisons 1978 und 1979 für das Brabham-Team Rennen fuhr. Der T.50S wird entwickelt, um den sportlichsten Kunden echte Rennstrecken-Erfahrung zu ermöglichen. Im Gegensatz zum »normalen« T.50 (alles ist relativ!) ist die Karosserie des T.50S mit zahlreichen Ausstattungsmerkmalen versehen, um die aerodynamische Effizienz zu optimieren: Ein breiter, prägnanter Spoiler ragt unter der Nase des Wagens hervor und ein erhöhter Heckflügel ist am Ende eines langen, vertikalen Leitwerks verankert. Das Gewicht wird um 134 auf 852 kg verringert, die Leistung um 43 auf 710 PS gesteigert und der Preis um 740.000 auf 3,1 Mio. Pfund erhöht.

Gordon Murray in seiner Vision des idealen Supersportwagens für das 21. Jahrhundert.

Der prägnante Auslass des Bodensaugers.

- **Motor:**
  V12-Mittelmotor mit 65° Zylinderwinkel (DOHC, 4 Ventile), Hubraum: 3994 cm³, Bohrung x Hub: 81,5 x 63,8 mm, Leistung: 710 PS bei 11.500/min
- **Länge/Breite/Höhe:**
  441,6 x 1 191,7 x 117,9 cm
- **Radstand/Spurweite:**
  270 x 162,9 x 157,3 cm
- **Gewicht:**
  852 kg
- **Fahrleistung:**
  nicht bekannt
- **Produktion:**
  25 Exemplare (ab 2023)

LAMBORGHINI ESSENZA SCV12

Sant'Agata Bolognese, Juli 2020

Die Abteilung Squadra Corse hat ein sehr exklusives Modell entwickelt, das nur den sportlichsten Kunden vorbehalten ist. Dieses Auto ist nur für den privaten Gebrauch bestimmt, da es nicht auf offenen Straßen fahren darf. Er kann auch nicht an Rennen teilnehmen, da er in keiner der vom internationalen Reglement anerkannten Kategorien zugelassen ist. Immerhin kann der Essenza SCV12 bei seiner Einführung den Titel »stärkster Lamborghini aller Zeiten« für sich beanspruchen; sein Motor ist mit einem quer auf der Hinterachse angeordneten X-Trac-Getriebe mit sechs Gängen kombiniert.

Weil seine Motorleistung geringer ist als die mancher Mitbewerber, wird man bei Lamborghini in der Zukunft sicherlich noch einige Pferdestärken finden – immerhin verfügt der Revuelto, der 2023 die Nachfolge des Aventador antritt, über einen Hybridantrieb mit 1015 PS, und bald wird es auch davon Sonderserien geben.

- **Motor:**
  V12-Mittelmotor mit 60° Zylinderwinkel (DOHC, 4 Ventile), Hubraum: 6498 cm³, Bohrung x Hub: 95 x 76,4 mm, Leistung: 830 PS bei 8500/min
- **Länge/Breite/Höhe:**
  nicht bekannt
- **Radstand/Spurweite:**
  290,5 x 176,7 x 172,9 cm
- **Gewicht:**
  1378 kg
- **Fahrleistung:**
  305 km/h
- **Produktion:**
  40 Exemplare (ab 2020)

Ein von der Lamborghini-Abteilung Squadra Corse entwickelter Spider.

LAMBORGHINI SC20

Sant'Agata Bolognese, Dezember 2020

Es handelt sich weder um ein Konzeptfahrzeug noch um ein Produktionsmodell, sondern um ein einzigartiges und wunderbares Objekt, das unter direkter Beteiligung seines Auftraggebers entwickelt wurde, der seine Wünsche in Bezug auf Stil, Ausstattung und Motorisierung durchsetzte. Wie schon beim Essenza SCV12 fünf Monate zuvor und beim zwei Jahre alten SC18 wird auch die Studie des SC20 von der Squadra Corse auf Basis des Aventador entwickelt. Der SC20 greift ein Thema auf, das bei außergewöhnlichen Autos immer wieder auftaucht: den radikalen Spider ohne Windschutzscheibe. Das sehr prägnante Styling wird durch zwei stromlinienförmige Verkleidungen im Windschatten der Kopfstützen geprägt.

Ein weiterer Aventador-Ableger, der nach den Wünschen eines einzigen Kunden individuell gestaltet wird.

- **Motor:**
V12-Mittelmotor mit 60° Zylinderwinkel (DOHC, 4 Ventile), Hubraum: 6498 cm³, Bohrung x Hub: 95 x 76,4 mm, Leistung: 770 PS bei 8500/min
- **Länge/Breite/Höhe:**
nicht bekannt
- **Radstand**
270 cm
- **Gewicht:**
nicht bekannt
- **Fahrleistung:**
nicht bekannt
- **Produktion:**
1 Exemplar (2021)

McLAREN 765LT

Woking, März 2020

McLaren organisiert seine Produktpalette um drei Serien herum: Sports, Super und Ultimate. Der 765LT (LT steht für Long Tail – verlängertes Heck) ist Teil der Super Series – der Supersportwagenserie, die laut Hersteller die Fortsetzung des 575LT und des 600LT darstellt. Das Ziel dieser neuen Übung ist neben der Höchstgeschwindigkeit auch die maximale Gewichtsreduzierung. Um dies zu erreichen, wird der 765LT von allen Komfortmerkmalen befreit, die in diesem Fall als überflüssig gelten: Klimaanlage, Hi-Fi-Anlage, Teppichboden und Lederbezüge (hier immerhin durch Alcantara ersetzt). Eine bewusste, aber erstaunliche Entscheidung für einen Gran Turismo, der nicht für die Rennstrecke reserviert ist. Allerdings können all diese Elemente für verwöhnte Autofahrer als Option bestellt werden. Der 765LT folgt dem gleichen Schema wie die meisten Modelle der Baureihe, der gleichen Architektur, der gleichen Silhouette und dem gleichen Motor vom Typ M840T, der in diesem Fall in der 4,0-Liter-Ausführung zum Einsatz kommt, die auch im Senna zu finden ist.

- **Motor:**
V8-Mittelmotor mit 90° Zylinderwinkel (DOHC, 4 Ventile), Biturbo, Hubraum: 3994 cm³, Bohrung x Hub: 93 x 73,5 mm, Leistung: 756 PS bei 7500/min
- **Länge/Breite/Höhe:**
460 x 216,1 x 115,9 cm
- **Radstand/Spurweite:**
280,9 x 165,6 x 161,2 cm
- **Gewicht:**
1229 kg
- **Fahrleistung:**
330 km/h, 2,8 sec von 0 – 100 km/h
- **Produktion:**
765 Exemplare (2019 – 2020)

VARIANTE

McLAREN 765LT SPIDER

Woking, Juli 2021

Die Cabrio-Version des 765LT ist der erwartete Neuzugang in der Reihe der Supersportwagen und hat einen eigenen Charakter, mit einem schön abgegrenzten Cockpit, aus dem die hinter den Sitzen angebrachten Profile herausragen. Im geschlossenen Zustand hat der 765LT Spider jedoch die gleiche Silhouette wie das Coupé. Im Verhältnis zu den meisten anderen offenen Versionen ist der Spider nur unwesentlich schwerer als das Coupé (+ 49 kg).

- **Motor:**
V8-Mittelmotor mit 90° Zylinderwinkel (DOHC, 4 Ventile), Biturbo, Hubtraum: 3994 cm³, Borung x Hub: 93 x 73,5 mm, Leistung: 765 PS bei 7500/min
- **Länge/Breite/Höhe:**
460 x 216,1 x 119,2 cm
- **Radstand/Spurweite:**
280,9 x 165,6 x 161,2 cm
- **Gewicht:**
1278 kg
- **Fahrleistung:**
330 km/h, 2,8 sec von 0 – 100 km/h
- **Produktion:**
765 Exemplare (2020 – 2023)

Die offene Version des 765 LT.

DIE TEUERSTEN

DIE 1980ER-JAHRE

1. **CIZETA-MORODER V16T** (1988) 373K€
2. **FERRARI F40** (1987) 372K€
3. **PORSCHE 959** (1983) 210K€

DIE 1990ER-JAHRE

1. **MERCEDES-BENZ CLK-GTR** (1997) 2,35M€
2. **PORSCHE 911 GT1** (1997) 822K€
3. **BUGATTI EB 110 GT** (1991) 633K€

DIE 2000ER-JAHRE

1. **ASTON MARTIN ONE-77** (2009) 1,743M€
2. **BUGATTI VEYRON 16.4** (2005) 1,2M€
3. **LAMBORGHINI REVENTÓN** (2007) 1,12M€

DIE 2010ER-JAHRE

1. **BUGATTI LA VOITURE NOIRE** (2019) 11M€
2. **FERRARI LAFERRARI APERTA** (2016) 8,3M€
3. **ASTON MARTIN DB S ZAGATO** (2019) 6,91M€

DIE 2020ER-JAHRE

1. **BUGATTI CHIRON PROFILÉE** (2023) 9,792M€
2. **PININFARINA B95** (2023) 4,4M€
3. **BUGATTI CHIRON SUPER SPORT** (2021) 3,84M€

Die unverhältnismäßig hohen Preise von Supersportwagen gehören zu ihren wichtigsten Verkaufsargumenten. Sie sind alle kostspielig, aber es fällt uns schwer sie hierarchisch zu ordnen: Offizielle Preislisten geben mal Preise ohne Steuern, mal mit Steuern an; sie werden in verschiedenen Währungen mit Wechselkursen angegeben, die sich von Zeit zu Zeit ändern, sodass eine Umrechnung im Laufe der Zeit willkürlich wird. Nicht vergessen werden darf zudem, dass viele Verkäufe nicht öffentlich bekannt werden. Dennoch sind die wenigen offengelegten Summen atemberaubend und verdienen es, bekannt gemacht zu werden.

McLAREN SABRE

Los Angeles, Dezember 2020

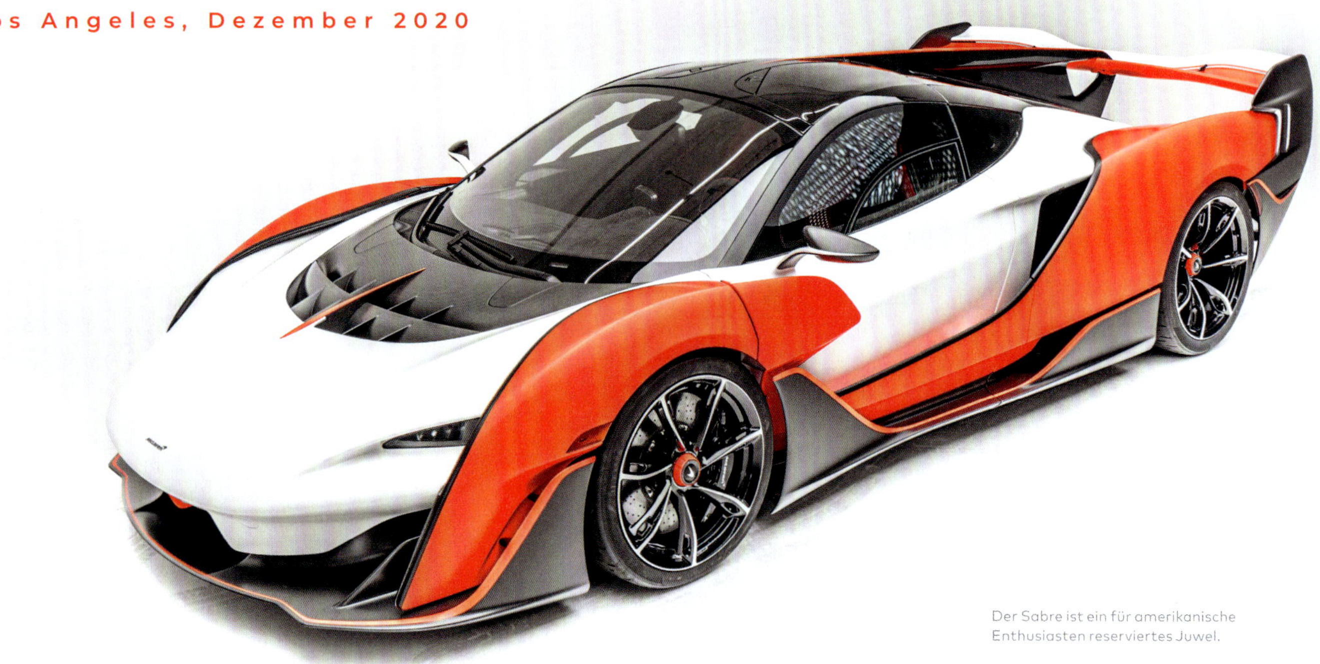

Der Sabre ist ein für amerikanische Enthusiasten reserviertes Juwel.

Dieses ganz besondere Coupé wird nicht nur in einer sehr geringen Stückzahl produziert, sondern ist auch ausschließlich für wenige amerikanische Kunden bestimmt, die an der Entwicklung des Modells beteiligt waren. Der Sabre wird von der für Sonderprojekte zuständigen Abteilung MSO (McLaren Special Operations) produziert und über den Vertriebspartner in Beverly Hills, Kalifornien, vertrieben.

Ästhetisch ist der Sabre deutlich üppiger als die anderen normalerweise nüchtern und zurückhaltend gestalteten Wagen von McLaren. Hier wird mit Prunk und Effekten, die direkt aus der Welt der Videospiele stammen können, nicht gespart. Die Verteilung der kontrastierenden Farbtöne betont die verschiedenen Ebenen, die die Oberflächen strukturieren und ein komplexes aerodynamisches System bilden. Die Kotflügel sind von der Karosserie abgehoben, um Extraktoren zu schaffen und den Luftstrom dicht an den Flanken entlangzuleiten. Am Heck wird eine lange Finne von einem Spoiler durchdrungen, der wiederum mit dem mehrteiligen Diffusor verschmilzt.

- **Motor:**
  V8-Mittelmotor mit 90° Zylinderwinkel (DOHC, 4 Ventile), Biturbo, Hubraum: 3994 cm³, Bohrung x Hub: 93 x 73,5 mm, Leistung: 835 PS bei 7500/min
- **Länge/Breite/Höhe:**
  nicht bekannt
- **Radstand:**
  267 cm
- **Gewicht:**
  1489 kg
- **Fahrleistung:**
  351 km/h, 2,6 sec von 0 – 100 km/h
- **Produktion:**
  15 Exemplare (2020 – 2021)

PAGANI IMOLA

Bologna, Februar 2020

Es handelt sich nicht um ein neues Modell im eigentlichen Sinne, sondern um eine ultimative Weiterentwicklung des aerodynamisch verschärften Huayra. Der Pagani Imola ist nach der südöstlich von Bologna gelegenen Stadt neben der Rennstrecke *Enzo e Dino Ferrari* benannt. Die Silhouette des Huayra bleibt weitgehend unverändert, aber die Aerodynamik wurde weiter verbessert, die Schürzen sind neugestaltet und am Heck wird ein Luftauslass mit einem großen Spoiler hinzugefügt. Die Imola-Version ist stark abgemagert und wiegt 100 Kilogramm weniger als seine älteren Geschwister. Gleichzeitig wurde die Leistung des Mercedes-AMG-Motors erhöht. Fünf Autos für jeweils 5 Mio. Euro sorgen für hohe Exklusivität.

Acht Jahre nach dem Huayra stellte der Imola eine neue Generation dar.

- **Motor:**
V12-Mittelmotor mit 90° Zylinderwinkel (DOHC, 3 Ventile), Biturbo, Hubraum: 5980 cm³, Bohrung x Hub: 82,6 x 93 mm, Leistung: 827 PS bei 6200/min
- **Länge/Breite/Höhe:**
nicht bekannt
- **Radstand:**
275 cm
- **Gewicht:**
1246 kg
- **Fahrleistung:**
nicht bekannt
- **Produktion:**
5 Exemplare (2020)

2020 – 2024

BUGATTI BOLIDE

Monterey, August 2021

Der Bolide ist wenigen Privilegierten vorbehalten, die sich auf einem abgesperrten Kurs austoben können.

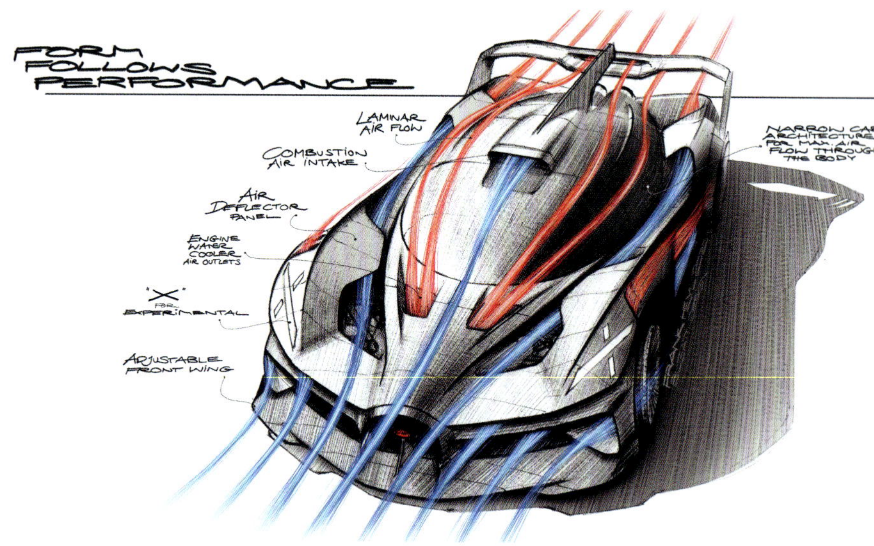

Nach der Vorpremiere mithilfe virtueller Bilder im Jahr 2020 führt Bugatti im darauffolgenden Jahr ein Showcar vor, zunächst in Pebble Beach im August 2021 und im September in Paris beim internationalen Automobilfestival im Pré Catelan. Hier wird der Preis für das »schönste Hypercar des Jahres« an Frank Heyl, den stellvertretenden künstlerischen Leiter von Bugatti, verliehen. Nach und nach enthüllte Bugatti die technischen Daten der Produktionsversion dieses ultraleistungsfähigen Autos. Die ursprünglich angekündigten Zahlen für die Leistung (1.850 PS) und das Gewicht (1.240 kg) müssen etwas angepasst werden, sind aber mit einem Leistungsgewicht von unter einem Kilogramm pro PS immer noch atemberaubend. Der Bugatti Bolide darf in keiner Rennklasse starten und die Rennstrecke nur per Transporter verlassen – dennoch werden die 40 geplanten Exemplare rasch Abnehmer finden.

- **Motor:**
  W16-Mittelmotor (Doppel-VR8) mit 90/15° Zylinderwinkel (DOHC, 4 Ventile), 4 Turbolader, Hubraum: 7993 cm³, Bohrung x Hub: 86 x 86 mm, Leistung: 1600 PS bei 7050/min
- **Länge/Breite/Höhe:**
  475,6 x 199,8 x 99,5 cm
- **Radstand:**
  275 cm
- **Gewicht:**
  1450 kg
- **Fahrleistung:**
  >500 km/h, 2,2 sec von 0 – 100 km/h
- **Produktion:**
  40 Exemplare (ab 2024)

FERRARI BR20

Maranello, November 2021

Ferrari kann alles: begehrte Serienmodelle, begehrenswerte limitierte Serien und einzigartige Kreationen, die geeignet sind, auch die ungewöhnlichsten Wünsche zu erfüllen. Der BR20 gehört zu dieser letzten Kategorie – den *One-Offs* – also Autos, die auf ausdrücklichen Wunsch eines Kunden, der nach Exklusivität strebt, maßgefertigt werden. Der BR 20 wird auf der Grundlage des GTC4Lusso entwickelt, dem unverwechselbaren Gran Turismo Shooting Brake, der wiederum auf dem FF basiert. Als Laune eines Milliardärs behält der BR20 den sehr langen Radstand des GTC4Lusso, verliert aber sein einzigartiges Kombi-Profil und wird wieder zu einem klassischen Sport-Coupé. Durch den Umbau entfallen auch die Rücksitze des GTC4Lusso. Schlimmer ist jedoch das überladene Styling des BR20 mit verschiedensten Motiven: mit monströsen Sicken an den Flanken, gewaltigen Luftauslässen hinter den vorderen Radkästen, Lufteinlässen und einer tiefen Schüssel auf der Motorhaube, ganz zu schweigen von dem grob vergrößerten Kühlergrill. Aber über Geschmack lässt sich bekanntlich nicht streiten, wenn er nur teuer genug ist.

- **Motor:**
  V12-Frontmotor mit 65° Zylinderwinkel (DOHC, 4 Ventile), Hubraum: 6262 cm³, Bohrung x Hub: 94 x 75,2 mm, Leistung: 690 PS bei 8000/min
- **Länge/Breite/Höhe:**
  492,2 x 198 x 138,3 cm
- **Radstand/Spurweite:**
  299 x 167,4 x 166,8 cm
- **Gewicht:**
  nicht bekannt
- **Fahrleistung:**
  335 km/h, 3,4 sec von 0 – 100 km/h
- **Produktion:**
  1 Exemplar (2021)

Exklusivität muss nicht unbedingt mit ästhetischem Gelingen einhergehen.

FERRARI DAYTONA SP3

Mugello, November 2021

Der Daytona SP3 wird bei den Ferrari-Days auf der Rennstrecke von Mugello vorgestellt und gehört zur Icona-Serie, die von Ferrari erdacht wurde, um an bestimmte Momente in der Geschichte von Ferrari zu erinnern. Hier feiert der Name den Dreifachsieg von zwei Ferrari 330 P4 und einem 412 P beim 24-Stunden-Rennen von Daytona im Februar 1967. Die Scuderia war gekommen, um Ford auf heimatlichem Terrain zu schlagen – mit Erfolg. Vier der fünf von Shelby American und Holman-Moody eingesetzten Ford Mark II fielen während des Rennens aus. Der US-Rivale revanchierte sich in Sebring, wo kein 330 P4 eingesetzt wurde. In Abwesenheit von Ford gelang Ferrari ein weiterer Sieg in Monza und am Ende der Saison ging der zwölfte Langstrecken-Weltmeistertitel nach Maranello.

Die Icona-Serie findet sich nicht im Katalog für Normalsterbliche, denn sie ist »Topkunden und Sammlern« vorbehalten, wie es taktvoll in der Pressemitteilung heißt. Der Daytona SP3 basiert auf dem LaFerrari Aperta, unterscheidet sich aber in vielerlei Hinsicht von diesem, angefangen beim Antrieb, der nicht mehr hybrid ist, sondern vollständig auf den Verbrennungsmotor setzt. Der von den Haus-Designern geschaffene Stil der Daytona SP3 wirkt in seiner Mischung aus Modernität und Nostalgie besonders gelungen.

- **Motor:**
V12-Mittelmotor mit 65° Zylinderwinkel (DOHC, 4 Ventile), Hubraum: 6496 cm³, Bohrung x Hub: 94 x 78 mm, Leistung: 840 PS bei 9250/min
- **Länge/Breite/Höhe:**
468,6 x 205 x 114,2 cm
- **Radstand/Spurweite:**
265,1 x 169,2 x 163,1 cm
- **Gewicht:**
1485 kg
- **Fahrleistung:**
340 km/h, 2,9 sec von 0 – 100 km/h
- **Produktion:**
599 Exemplare (seit 2021)

Aus der Icona-Linie: die Erinnerung an einen großen Sieg in Daytona.

2020 – 2024

LAMBORGHINI COUNTACH LPI 800-4

Peeble Beach, August 2021

Lamborghini lässt es sich nicht nehmen, das 50-jährige Jubiläum des Countach zu feiern, jenem avantgardistischen Keil des Bertone-Designers Marcello Gandini, der 1971 als Studie enthüllt worden war, bevor er drei Jahre später in Produktion ging.

Beim Wettbewerb »The Quail. A Motorsport Gathering«, der am Rande von Pebble Beach stattfindet, wird eine zeitgenössische Interpretation des Countach enthüllt, mit dem Versprechen, in Erinnerung an die interne Typenbezeichnung LP112 des ursprünglichen Countach-Projekts 112 Exemplare zu produzieren. Das Designteam um Mitja Borkert hat geschickt, aber auch sehr auffällig viele Styling-Motive des Originals übernommen, darunter die Rückleuchten oder die seitlichen Lufteinlässe. Technisch basiert der Countach LPI 800-4 auf dem Sián. Dank des reichlichen Einsatzes von Carbon kann das Gewicht knapp unter 1,6 Tonnen gehalten werden.

- **Motor:**
  V12-Mittelmotor mit 60° Zylinderwinkel (DOHC, 4 Ventile), Hubraum: 6498 cm³, Bohrung x Hub: 95 x 76,4 mm, Leistung: 780 PS bei 8500/min
- **Länge/Breite/Höhe:**
  487 x 209,9–226,5 x 113,9 cm
- **Radstand/Spurweite:**
  270 x 178,4 x 170,9 cm
- **Gewicht:**
  1595kg
- **Fahrleistung:**
  355 km/h, 2,8 sec von 0 – 100 km/h
- **Produktion:**
  112 Exemplare (seit 2022)

Der Countach LPI 800-4 ist die moderne Interpretation des legendären Countach auf der Basis des Aventador.

McLAREN ELVA

Woking, Januar 2020

Der McLaren Elva, der im August in Pebble Beach seine Vorpremiere hat und offiziell im Dezember 2019 in London vorgestellt wird, reiht sich neben dem Speedtail und dem Senna in die Ultimate-Serie ein und gilt als leichtester Serienwagen von McLaren. Der Name bezieht sich auf eine kleine Firma, die in den 1950er Jahren Kit-Cars, Rennwagen und Sportwagen herstellte, von denen das sympathische Cabriolet Courier am bekanntesten ist. 1961 kaufte die Trojan Limited die bankrotte Firma Elva Cars Ltd. und die Rechte zur Herstellung des Courier. Als Bruce McLaren, ein brillanter Rennfahrer, zum Konstrukteur seiner eigenen Autos wurde und beschloss, diese in Kleinserien herzustellen, um sie zu vermarkten, beauftragte er Elva mit der Herstellung. Ab der Saison 1965 wurden 24 Exemplare des McLaren M1A in der Elva-Fabrik in Croydon zusammengebaut.

Der McLaren Elva des 21. Jahrhunderts ist eine Hommage an diese (1968 aufgelöste) Marke, die den Grundstein für die McLaren-Saga legte. Wie sein Vorfahre nutzt er das Roadster-Thema, das durch den Verzicht auf die Windschutzscheibe zugunsten eines einfachen Windschattens symbolisiert wird. Weil in den USA eine Windschutzscheibe für die Zulassung verpflichtend ist, wird für die US-Ausführung eine Scheibe montiert. Zunächst wird die Produktionszahl auf 399 Stück festgelegt, dann aber nach unten korrigiert und schließlich auf 149 Stück gesenkt. Die potenzielle Zahl der Käufer für ein extremes Fahrzeug ist nicht unendlich erweiterbar.

- **Motor:**
  V8-Mittelmotor mit 90° Zylinderwinkel (DOHC, 4 Ventile), Biturbo, Hubraum: 3994 cm³, Bohrung x Hub: 93 x 73,5 mm, Leistung: 815 PS bei 7250/min
- **Länge/Breite/Höhe:**
  461,1 x 194,4 x 108,8 cm
- **Radstand/Spurweite:**
  267 cm
- **Gewicht:**
  1148 kg
- **Fahrleistung:**
  326 km/h, 2,8 sec von 0 – 100 km/h
- **Produktion:**
  149 Exemplare (2020 – 2023)

Oben der McLaren Elva mit einer Windschutzscheibe für den amerikanischen Markt, auf allen anderen Märkten sorgt die Aerodynamik für ausreichenden Windschutz im Cockpit.

RIMAC NEVERA

Sveta Nedelja, Juni 2021

Die kroatische Firma Rimac feilt an ihrem Image und präsentiert das Ergebnis des Projekts C-Two, das noch ausgereifter ist als das erste Modell »Concept_One« aus dem Jahr 2011. »Nevera« ist die kroatische Bezeichnung für einen plötzlich auftretenden heftigen Sturm (der im Gegensatz zur Bora vom Meer her weht) – angemessen für ein Elektro-Coupé, das zu den stärksten der Welt zählt. Bei Rimac geht es nicht um Angeberei. Die Firma aus Sveta Nedelja ist ein gefragter und respektierter Partner für viele große Hersteller geworden; die Annäherung an Bugatti ist ein Beweis dafür. Auch das Styling ist überarbeitet und wirkt nun deutlich kräftiger.

- **Motor:**
  4 Elektromotoren (2 vorn, 2 hinten) mit jeweils 299 PS, Gesamtleistung: 1196 PS
- **Länge/Breite/Höhe:**
  475 x 198,6 x 120,8 cm
- **Radstand:**
  274,5 cm
- **Gewicht:**
  2300 kg
- **Fahrleistung:**
  412 km/h, 2,0 sec von 0 – 100 km/h
- **Produktion:**
  150 Exemplare (geplant, ab 2021)

Das Design des Nevera wirkt deutlich ausgereifter als bei den ersten Prototypen der kroatischen Marke.

TOURING ARESE RH95

Woodstock, September 2021

Dass der Touring Arese auf der Technik des Ferrari V8 basiert, sieht man ihm auf den ersten Blick nicht an.

Die Carrozzeria Touring wurde 1926 von Felice Bianchi Anderloni gegründet und produzierte bis zu ihrer Schließung im Jahr 1967 einige der denkwürdigsten Kreationen in der Geschichte des italienischen Karosseriebaus. Die Idee, die Carrozzeria Touring wiederzubeleben, klingt nach einer Herausforderung. Sie stammt von Roland D'Ieteren, der 2020 an Corona verstarb. Er war ein großer Sammler und Liebhaber der Karosseriekunst, Erbe einer angesehenen Karosseriedynastie aus dem 19. Jahrhundert und Besitzer der Werkstatt Auto Classique Touraine. Nebenbei war Roland D'Ieteren ein vielseitiger Unternehmer, der so unterschiedliche Marken wie Volkswagen, Avis und Carglass in seinem Portfolio vereinte. Die neue Carrozzeria Touring wird in die Zeta Europe Group integriert, zu der auch die Unternehmen Granturismo, eine auf die Restaurierung von Oldtimern spezialisierte Werkstatt, sowie die ehemalige Radbau-Firma Borrani gehören.

Die Wiederauferstehung der Carrozzeria Touring (mit dem Zusatz Superleggera = Super-Leicht) wurde im Rahmen des Concorso d'Eleganza in der Villa d'Este im April 2008 offiziell bekannt

- **Motor:**
  V8-Mittelmotor mit 90° Zylinderwinkel (DOHC, 4 Ventile), Biturbo, Hubraum: 3902 cm³, Bohrung x Hub: 86,5 x 83 mm, Leistung: 670 PS bei 8000/min
- **Länge/Breite/Höhe:**
  478,2 x 198,2 x 125,9 cm
- **Radstand/Spurweite:**
  265 x 167,7 x 164,7 cm
- **Gewicht:**
  1348 kg
- **Fahrleistung:**
  337 km/h, 2,9 sec von 0 – 100 km/h
- **Produktion:**
  18 Exemplare (ab 2021)

gegeben, als der Bellagio, ein Break auf Basis des Maserati Quattroporte, und der A8 GCS, eine vom Maserati GranSport abgeleitetes Coupé, vorgestellt wurden. Die wiederbelebte Carrozzeria Touring orientierte sich von Anfang an auf die Ursprünge des Karosseriebaus: die Herstellung von maßgefertigten Autos auf handwerkliche Art. Auf diese Weise entstehen vier Bellagios, vier Bentley Flying Stars, fünf Ferrari Lussos, acht Einheiten des Coupés Disco Volante und sieben Spiders. Hinter den Kreationen von Touring steht der diskrete und talentierte Designer Louis de Fabribeckers. Bevor er das Unternehmen im Laufe des Jahres 2022 verlässt, zeichnet er den Arese RH95, mit dem das 95-jährige Bestehen des Unternehmens Touring gefeiert werden soll. Dieses Modell wird im Rahmen des Wettbewerbs Salon Privé im Blenheim Palace vorgestellt und steht in der Tradition der aerodynamischen Coupés des Karosseriebauers. Er basiert auf der Plattform eines »wohlbekannten exotischen Autos«, das seinen Namen nicht nennt (denn Ferrari erlaubt nicht, dass die Identität des spendenden F8 Tributo preisgegeben wird). Dank dieser edlen Abstammung kann man wirklich von einem Supersportwagen sprechen.

ASTON MARTIN DBR22

Carmel, August 2022

Aston Martin will den zehnten Geburtstag seiner Abteilung »Q by Aston Martin« am Rande des Concours d'Elegance in Pebble Beach feiern. Diese Abteilung für Sonderanfertigungen baut den DBR22 zunächst als Konzeptfahrzeug, aber später sollen immerhin zehn Exemplare in dieser Werkstatt hergestellt und vermarktet werden. Das Styling des DBR22 ist eine Hommage an den DBR1 – was vor allem die Profilierungen hinter den Kopfstützen und die Lackierung im legendären Aston-Martin-Grün beweist. Der DBR1 war der große Star der Langstrecken-Weltmeisterschaft 1959: Er gewann drei der fünf Saisonläufe, insbesondere die 24 Stunden von Le Mans 1959, wo er von Carroll Shelby und Roy Salvadori gefahren wurde. Bis heute ist dies der einzige Gesamtsieg für Aston Martin an der Sarthe.

- **Motor:**
  V12-Frontmotor mit 60° Zylinderwinkel (DOHC, 4 Ventile), Biturbo, Hubraum: 5204 cm³, Bohrung x Hub: 89 x 69,7 mm, Leistung: 715 PS bei 6500/min
- **Maße und Gewicht:**
  nicht bekannt
- **Fahrleistung:**
  319 km/h, 3,4 sec von 0 – 100 km/h
- **Produktion:**
  10 Exemplare (2022)

Der DBR22 vor seinem Urahn DBR1 von 1959.

Als würdiger Abschluss der W16-Saga posiert der Bugatti Mistral vor der grandiosen Kulisse des Fujis.

- **Motor:**
  W16-Mittelmotor (Doppel-VR8) mit 90/15° Zylinderwinkel (DOHC, 4 Ventile), 4 Turbolader, Hubraum: 7993 cm³, Bohrung x Hub: 86 x 86 mm, Leistung: 1600 PS bei 7050/min
- **Maße und Gewicht:**
  nicht bekannt
- **Fahrleistung:**
  420 km/h
- **Produktion:**
  100 Exemplare (ab 2023)

BUGATTI W16 MISTRAL

Carmel, August 2022

Dieses nostalgisch angehauchte Projekt soll den Schlusspunkt unter ein wichtiges Kapitel in der jüngeren Geschichte von Bugatti setzen. Der W16 Mistral ist das letzte Glied in der Reihe der Veyron, Chiron und Divo und bildet den krönenden Abschluss der Karriere des fantastischen 16-Zylinder-Verbrennungsmotors, der 2005 die Wiederauferstehung von Bugatti unter Volkswagen markierte. Die Zukunft der elsässischen Marke wird seit 2021 bei Rimac in Kroatien entschieden und wahrscheinlich elektrifiziert sein.

Die Gründung des Unternehmens Bugatti Rimac wurde mit großem Pomp in der prächtigen Kulisse von Dubrovnik gefeiert. In dem von Mate Rimac geleiteten Joint Venture gehören 55 Prozent der Anteile der Rimac Group und 45 Prozent Bugatti S.A.S. In diesem Spiel der Kapitalverteilungen ist Porsche der größte Anteilseigner.

Der Mistral basiert zwar technisch auf dem Chiron, behauptet aber im Vergleich zu seinem älteren Bruder seine Eigenständigkeit. Die 100 Mistral, die geplant sind (99 für die Kundschaft und ein letzter, der von der Fabrik behalten wird), sind nicht in der Quote von 500 Chiron enthalten. Der W16 Mistral präsentiert sich als Spider und erinnert mit seinem eigenen, sehr verführerischen Stil eher dem des Divo als dem des Chiron. Das Design der Heckpartie mit den stromlinienförmigen Verlängerungen der Kopfstützen ist eine Anspielung auf den Bugatti 57 Grand Raid, einen Prototyp, den Bugatti 1934 auf dem Pariser Salon ausgestellt hatte. Der Verkaufspreis für den W16 Mistral beträgt 5 Millionen Euro.

PAGANI UTOPIA

Modena, September 2022

- **Motor:**
V12-Mittelmotor mit 90° Zylinderwinkel (DOHC), Biturbo, Hubraum: 5980 cm³, Bohrung x Hub: 82,6 x 93 mm, Leistung: 863 PS bei 6000/min
- **Länge/Breite:**
459,7 x 203,7 cm
- **Radstand:**
279,4 cm
- **Gewicht:**
1280 kg
- **Fahrleistung:**
350 km/h, 2,9 sec von 0 – 100 km/h
- **Produktion:**
ca. 300 Exemplare (geplant – ab 2022)

Nach mehr als zehn Jahren voller Entwicklungen und Varianten, von denen eine verlockender als die andere war, macht der Huayra 2022 Platz für den Utopia. Der ganz besondere Geist der Marke von Horacio Pagani wird durch Kontinuität immer wieder erneuert. Der Motor stammt nach wie vor von Mercedes-AMG, ist aber noch stärker als zuvor und nun mit einem neuen Siebengang-Schaltgetriebe kombiniert. Auch das Styling des Utopia folgt den bisherigen Modellen der Marke, ist aber fließender und weicher. Aerodynamische Ergänzungen sind weitestgehend integriert: Es gibt keine Spoiler, Klappen oder Leitbleche, die über die Oberfläche hinausragen. Diese utopische Vision des Automobils wird nur für wenige solvente Zeitgenossen Wirklichkeit werden – der Wagen kostet über 2 Mio. Euro.

Das Cockpit des Utopia wirkt alles andere als utopisch.

DELAGE D12

Goodwood, Juni 2022

Ein Tandem-Zweisitzer der Extreme feiert die Wiedergeburt eines großen Namens der Automobilgeschichte.

Louis Delâge hatte ab 1903 bei Peugeot gearbeitet und bereits zwei Jahre später das erste Auto unter seinem Namen vorgestellt. Bis in die späten 1920er Jahre war die Marke im Rennsport sehr erfolgreich, als Höhepunkt wurde Robert Benoist 1927 Automobil-Weltmeister. Die Marke wurde ein Opfer der Wirtschaftskrise und musste am 10. April 1935 Konkurs anmelden. Der britische Geschäftsmann Walter Watney, der auch ihr wichtigster Pariser Konzessionär war, unternahm die Rettung des Unternehmens. Er kaufte die Bestände auf, tilgte die Schulden und wurde Eigentümer der Marke, bevor er die Rechte zur Herstellung von Delage-Automobilen an die Firma Delahaye abtrat, während er gleichzeitig Chef der Société Nouvelle des Automobiles Delage blieb. Der letzte Auftritt von Delage fand 1953 auf dem Pariser Salon statt.

Siebzig Jahre später erhebt sich Delage aus der Asche. Laurent Tapie, Sohn des umtriebigen Unternehmers Bernard Tapie, hat sein Vorhaben, die Marke Delage wieder aufleben zu lassen, vollendet. Auf dem Festival of Speed in Goodwood enthüllt er eine Art straßentaugliches Formel-1-Auto. Die Wiederauferstehung erfolgt mit dem Segen der »Amis de Delage« (Freunde von Delage) und unter dem Ehrenvorsitz von Patrick Delâge, einem Nachkommen des Gründers. Der D12 wird von einem V12-Motor in Verbindung mit einem Elektromotor angetrieben und in zwei Varianten angeboten: als GT für den Einsatz auf der Straße und als »Club« für die Rennstrecke. Die technische Leitung übernimmt Benoît Bagur, der unter anderem bei Seat, Skoda, Exagon und Ligier gearbeitet hatte, und Mauro Bianchi ist für das Chassis und die Radaufhängungen verantwortlich. Aus aerodynamischen Gründen ist die Besatzung hintereinander angeordnet. Die Firma Delage Automobiles hat ihren Sitz in Marseille. Der Verkaufspreis des auf 30 Exemplare limitierten Modells wurde auf 2,3 Mio. US-Dollar festgelegt.

- **Motor:**
  V12-Mittelmotor mit 65° Zylinderwinkel (DOHC, 4 Ventile), Hubraum: 7599 cm³, Bohrung x Hub: 102 x 77,5 mm, Leistung: 990 PS bei 8200/min + Elektromotor mit 110 PS (GT) oder 20 PS (Club), Gesamtleistung: 1100 bzw. 1010 PS
- **Länge/Breite/Höhe:**
  464,5 x 206,3 x 114 cm
- **Radstand:**
  280 cm
- **Gewicht:**
  1300 kg (Club), 1390 kg (GT)
- **Fahrleistung:**
  360 km/h, 2,6 (GT) oder 2,9 sec von 0 – 100 km/h (Club)
- **Produktion:**
  30 Exemplare (ab 2022

2020 - 2024

DEUS VAYANNE

New York, April 2022

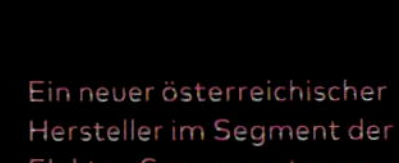

Ein neuer österreichischer Hersteller im Segment der Elektro-Supersportwagen.

Ein weiterer neuer Protagonist auf dem Markt für Supersportwagen ist die Firma Deus Automobiles, die 2020 in Wien gegründet wurde. Der vollelektrische Vayanne wird erstmals auf der Auto Show in New York gezeigt, bevor er im Frühjahr und Sommer 2022 an der Messe Top Marques in Monaco und am Concours d'Elegance der Villa d'Este teilnimmt. Für die Entwicklung des Vayanne sichert sich Deus die Zusammenarbeit mit Italdesign für die Karosserie und Williams Advanced Engineering für den technischen Teil zu. Das Styling wird von Adrian-Filip Butuca entworfen.

- **Motor:**
4 Elektromotoren, Gesamtleistung: 2198 PS
- **Maße und Gewicht:**
nicht bekannt
- **Fahrleistung:**
> 400 km/h, 2,0 sec von 0 – 100 km/h
- **Produktion:**
99 Exemplare (geplant ab 2025)

FERRARI SP48 UNICA

Maranello, Mai 2022

Eine einzigartige Kreation auf Basis des Ferrari F8 Tributo.

Wie der Name schon andeutet, handelt es sich auch hier wieder um ein absolutes Einzelstück, ein One-Off, das der Zufriedenheit eines einzelnen Käufers gewidmet ist. Diesmal wird die Umsetzung auf Basis eines F8 Tributo entwickelt, der weder der stärkste noch der extravaganteste Wagen aus dem Ferrari-Programm ist. Die moderne Konstruktion, der Mittelmotor und die kompakten Abmessungen sind jedoch verlockend, um ein Auto zu entwickeln, das eine Ausgewogenheit und Lebendigkeit bietet, die einen spielerischen Charakter erzeugt. Der SP48 Unica zeigt stolz seinen eigenen Stil. Die Karosserie bildet eine wunderschöne Skulptur, die das Heck ohne klassische Heckscheibe bedeckt, sodass ein breiter Streifen von der Windschutzscheibe bis zur Abschlusskante verlaufen kann.

- **Motor:**
V8-Mittelmotor mit 90° Zylinderwinkel (DOHC, 4 Ventile), Biturbo, Hubraum: 3902 cm³, Bohrung x Hub: 86,5 x 83 mm, Leistung: 720 PS bei 7000/min
- **Länge/Breite/Höhe:**
461,1 x 197,9 x 120,6 cm
- **Radstand/Spurweite:**
265 x 167,7 x 164,7 cm
- **Gewicht:**
1435 kg
- **Fahrleistung:**
337 km/h, 2,9 sec von 0 – 100 km/h
- **Produktion:**
1 Exemplar (2022)

GMA T.33 COUPÉ

Goodwood, März 2022

Supercar, ja – aber etwas weniger als der T.50.

Gordon Murray verliert keine Zeit, um eine Modellreihe zu skizzieren. Weniger als zwei Jahre nach seinem ersten Spitzenmodell, dem T.50, bietet GMA einen Supersportwagen an, der deutlich alltagstauglicher sein soll. Der am 27. Januar 2022 angekündigte T.33 wird offiziell auf dem Member's Meeting in Goodwood enthüllt. Er erfüllt die Anforderungen der US-Zulassung in Bezug auf Schadstoffemissionen und passive Sicherheit. Der Motor des T.33 wird weiterhin von Cosworth geliefert, ist aber weniger leistungsstark als der des T.50. Er wird mit einem XTrac-Sechsgang-Schaltgetriebe gekoppelt. Unter Beibehaltung der Carbonstruktur weist der T.33 einen klassischeren Aufbau als der T.50 auf, indem er auf den zentralen Fahrerplatz verzichtet. Der Stil bemüht sich mit weicheren Formen und glatteren Oberflächen um größte Nüchternheit und Reinheit. Der T.33 wird in der neu errichteten Fabrik in Windlesham, Surrey, hergestellt und in einer Auflage von 100 Exemplaren für 1,37 Millionen Pfund verkauft.

- **Motor:**
  V12-Mittelmotor mit 65° Zylinderwinkel (DOHC, 4 Ventile), Hubraum: 3994 cm^3, Bohrung x Hub: 81,5 x 63,8 mm, Leistung: 617 PS bei 10.200/min
- **Länge/Breite/Höhe:**
  439,8 x 185 x 113,5 cm
- **Radstand/Spurweite:**
  273,5 x 159,1 x 153 cm
- **Gewicht:**
  1090 kg
- **Fahrleistung:**
  333 km/h
- **Produktion:**
  100 Exemplare (ab 2024)

VARIANTE

GMA T.33 SPIDER

Guildford, April 2023

Im Gegensatz zum T.50 wird der T.33 sehr schnell in einer offenen Variante enthüllt, was seinen weniger radikalen, konsensfähigen und touristischen Charakter noch mehr zum Ausdruck bringt. Der Spider ist nur unwesentlich schwerer als die geschlossene Version. Der Grundpreis liegt bei 1,89 Millionen Pfund Sterling.

Der GMA T.33 kann gegen einen Aufpreis von 520.000 Pfund auch als Spider geordert werden.

- **Motor:** V12-Mittelmotor mit 65° Zylinderwinkel (DOHC, 4 Ventile), Hubraum: 3994 cm³, Bohrung x Hub: 81,5 x 63,8 mm, Leistung: 617 PS bei 10.200/min
- **Länge/Breite/Höhe:** 439,8 x 185 x 113,5 cm
- **Radstand/Spurweite:** 273,5 x 159,1 x 153 cm
- **Gewicht:** 1108 kg
- **Fahrleistung:** 333 km/h
- **Produktion:** 100 Exemplare (ab 2024)

BENTLEY MULLINER BATUR

Carmel, August 2022

Bentley beginnt, seine Mulliner-Abteilung wirklich auszunutzen, um über diesen exklusiven Kanal limitierte Serien anzubieten. Die Marke surft mit diesem neuen Sondermodell auf Basis der 3. Generation des Continental GT weiter auf der Welle des sportlichen Chics. Der Mulliner Batur (benannt nach einem See auf Bali) wird am Vorabend des Concours d'Elegance in Pebble Beach vorgestellt und ist nicht nur ein prächtiges, sondern auch ein kräftiges Coupé mit dem Stempel des Karosseriebauers Mulliner. Die Leistung von 740 PS liefert im Batur der bekannte W12-Motor, der womöglich bald nur noch historischen Wert hat, wenn er im Zeitalter der Elektrizität endgültig zum Tode verurteilt wird. Der prägnante Stil des Batur kündigt die Richtung an, die das Team um Designdirektor Andreas Mindt für zukünftige Elektroautos einschlagen wird.

- **Motor:** W12-Frontmotor mit 90° Zylinderwinkel (DOHC, 4 Ventile), Biturbo, Hubraum: 5998 cm³, Bohrung x Hub: 84 x 90,2 mm, Leistung: 740 PS
- **Länge/Breite/Höhe:** 480,5 x 195,4 x 139,2 cm
- **Radstand/Spurweite:** 285 x 167,2 x 166,4 cm
- **Gewicht:** 2715 kg
- **Fahrleistung:** 333 km/h, 3,7 sec von 0 – 100 km/h
- **Produktion:** 18 Exemplare (ab 2022)

Eine weitere Interpretation des zu Bentley gehörenden Karosseriebauers Mulliner.

FERRARI SP51

Maranello, September 2021

- **Motor:** V12-Frontmotor mit 65° Zylinderwinkel (DOHC, 4 Ventile), Hubraum: 6496 cm³, Bohrung x Hub: 94 x 78 mm, Leistung: 800 PS bei 8900/min
- **Länge/Breite/Höhe:** 469,3 x 197,1 x 127,6 cm
- **Radstand/Spurweite:** 272 x 167,2 x 164,5 cm
- **Gewicht:** 1645 kg
- **Fahrleistung:** 340 km/h, 3,0 sec von 0 – 100 km/h
- **Produktion:** 1 Exemplar (2021)

Ein individualisierter Ferrari 812 GTS für einen einzigartigen Kunden.

In der sehr elitären One-Offs-Linie von Ferrari wird dieses einzigartige Modell speziell für einen taiwanesischen Kunden zusammengestellt, der ein großer Sammler der Marke ist. Dieser auf der Plattform des 812 GTS basierende Spider ist äußerst exklusiv und übernimmt praktisch keine Elemente des Serienmodells. Die Umwandlung ist jedoch so subtil, dass diese Sonderbehandlung nicht auf den ersten Blick erkennbar ist. Am offensichtlichsten ist, dass es sich um einen echten Spider handelt, der über kein versenkbares Dach verfügt. Um den sportlichen Charakter des 800-PS-starken Wagens hervorzuheben, zieht sich ein breiter blau/weißer Streifen von der Motorhaube bis zum Heck.

KOENIGSEGG CC850

Carmel, August 2022

Autos mit dem Koenigsegg-Wappen sehen sich jeher sehr ähnlich. Wahrscheinlich liegt dies im Bestreben, eine spezifische stilistische Identität zu schaffen, eine konsistente Abstammung für eine Marke zu bilden, die noch keine lange Geschichte hat. Mitunter könnte man der Ansicht sein, dass diese Kontinuität Ausdruck eines Kreativitätsdefizits ist. In jedem Fall ist die Botschaft des CC850 klar: Dieses Auto soll Sehnsucht nach Nostalgie hervorrufen. Zum 20. Geburtstag der Marke und dem 50. Geburtstag seines Initiators Christian von Koenigsegg nimmt der CC850 den Stil der ersten Modelle und insbesondere des CC8S auf. Dies ist jedoch nur ein trügerischer Schein, denn abgesehen von den Retro-Reflexen hat der CC850 technisch nichts mehr mit dem CC8S zu tun. Im Gegenteil, er identifiziert sich mit dem deutlich weiterentwickelten Jesko-Modell.

- **Motor:** V8-Mittelmotor mit 90° Zylinderwinkel (DOHC, 4 Ventile), Biturbo, Hubraum: 5065 cm³, Bohrung x Hub: 92 x 95,25 mm, Leistung: 1185 oder 1385 PS – je nach Kraftstoff
- **Länge/Breite/Höhe:** 436,4 x 202,4 x 112,7 cm
- **Radstand:** 270 cm
- **Gewicht:** 1385 kg
- **Fahrleistung:** keine Angaben
- **Produktion:** 70 Exemplare (geplant – ab 2024)

Der neue Koenigsegg CC850 bleibt dem einzigartigen Stil der schwedischen Marke treu.

- **Motor:**
V10-Mittelmotor mit 72° Zylinderwinkel (DOHC, 4 Ventile), Hubraum: 5,2 Liter, Leistung: 840 PS bei 10.000/min
- **Maße:**
keine Angaben
- **Gewicht:**
1000 kg
- **Fahrleistung:**
322 km/h, 2,5 sec von 0 – 100 km/h
- **Produktion:**
25 Exemplare (geplant – ab 2023)

Der ultimative McLaren für Track-Days.

und Extravaganz jener für Videospiele geschaffenen Maschinen verschrieben hat. Das in der Ultimate-Serie angeordnete Fahrzeug ist einsitzig, da Passagiere für das absolute Vergnügen des egoistischen Fahrens nur stören würden. Der Solus GT wiegt exakt eine Tonne und kann einen Anpressdruck von 1200 kg erzeugen. Der Zugang zum Cockpit erfolgt wie bei einem Jagdflugzeug über eine verschiebbare Haube. Der Judd-GV-Motor ist hier in einer neuen Version von Engine Developments Ltd. vorbereitet und der Hubraum auf 5,2 Liter vergrößert. Das V10-Triebwerk entstand erstmals 1999 mit einem Hubraum von 4,0 Litern für die LMP2-Klasse, 2004 wurde es auf 5,0 Liter aufgestockt, um die Prototypen der LMP2-Klasse auszustatten. Im McLaren Solus GT ist es mit einem Siebenganggetriebe gekoppelt. Die ersten der 25 privilegierten Besitzer dieses verrückten Autos werden 2023 bedient.

2020 – 2024

PRAGA BOHEMA

Dubai, November 2022

Ein Supersportwagen aus der »Goldenen Stadt« an der Moldau.

Die 1907 gegründete Marke Praga stellte bis zum Zweiten Weltkrieg Personenkraftwagen her, bevor sie sich auf die Produktion von Motorrädern und Nutzfahrzeugen konzentrierte. Das in Prag ansässige Unternehmen überlebte damit sowohl das österreichisch-ungarische Kaiserreich als auch die Tschechoslowakei. Nach einer mehrjährigen Pause tauchte der Markenname 2010 unter dem Namen Praga Racing wieder auf, um sich der Produktion von Rennkarts und Prototypen zu widmen. Im Jahr 2015 bot Praga den R1R (2,0-Liter-Turbo) in einer Version mit Straßenzulassung an.

Praga geht mit dem Bohema in die nächste Runde, einen echten Supersportwagen zu bauen, der vom selben Motor wie der Nissan GT-R angetrieben wird (Typ VR38DETT). Die Entwicklung dieses vielseitigen und zulassungsfähigen Einsitzers wird von Aerodynamik- und gewichtsoptimierenden Maßnahmen geleitet. Der Abtrieb bei 250 km/h beträgt 900 kg. Der an der Entwicklung beteiligte IndyCar-Fahrer Romain Grosjean hat dem Projekt seine Zustimmung gegeben.

- **Motor:**
  V6-Frontmotor mit 60° Zylinderwinkel (DOHC, 4 Ventile), Hubraum: 3799 cm³, Bohrung x Hub: 95,5 x 88,4 mm, Leistung: 700 PS bei 6800/min
- **Länge/Breite/Höhe:**
  450,6 x 207 x 105,8 cm
- **Radstand:**
  253 cm
- **Gewicht:**
  982 kg
- **Fahrleistung:**
  >300 km/h, 2,3 sec von 0 – 100 km/h
- **Produktion:**
  89 Exemplare (ab 2024)

BERTONE GB110

Dezember 2022

Im September 2016 wurde Bertone unter dem Banner von Akka Technologies wiederbelebt, einem Unternehmen, das von den Franzosen Jean-Franck und Mauro Ricci geleitet wird. Die 1912 gegründete Firma Bertone ist einer der angesehensten Namen im italienischen Karosseriebau, doch nach dem Tod von Giuseppe »Nuccio« Bertone, dem Sohn des Gründers, im Jahr 1997 verschlechterte sich die Lage. Zu den wirtschaftlichen Schwierigkeiten kamen familieninterne Kämpfe hinzu, die schließlich im Juli 2014 zum Konkurs führten.

Mit seinem Namen zollt der GB110 dieser glorreichen Vergangenheit (Giuseppe Bertone und 110 Jahre) Tribut. Das Styling ist mit harmonischen Linien von Andrea Mocellin und einer Anspielung auf den Stratos Zero diesem Erbe würdig. Über die Technik werden nur wenige Informationen preisgegeben, aber es ist bekannt, dass der GB110 von einem Verbrennungsmotor angetrieben wird, der mit von Select Waste aus Kunststoffabfällen hergestelltem Kraftstoff betrieben wird.

- **Motor:**
  Leistung: 1100 PS
- **Radstand:**
  263 cm
- **Gewicht:**
  1348 kg
- **Fahrleistung:**
  380 km/h, 2,8 sec von 0 – 100 km/h
- **Produktion:**
  33 Exemplare (geplant)

Wenn der Karosseriebauer zum Hersteller wird.

LAFFITE LM1

Miami, Mai 2023

- **Motor:**
  Leistung: 1100 PS
- **Länge/Breite/Höhe:**
  520 x 200 x 105 cm
- **Radstand:**
  315 cm
- **Produktion:**
  ca. 25 Exemplare (Prognose)

Bruno Laffite, der Neffe des ehemaligen Rennfahrers Jacques Laffite, hat sich an mehreren Projekten mit außergewöhnlichen Autos beteiligt. 2015 versucht er in Dubai den Zarooq Sandracer 500 GT auf den Markt zu bringen, eine Art Sportbuggy, der von Anthony Jannarelly entworfen wurde. Im Jahr 2020 wird das Projekt unter dem Namen G-Tech X-Road nach Los Angeles verlegt. Im April 2023 wird in Turin das Unternehmen Laffite Automobili gegründet, das ein Programm aus drei Modellen vorstellt: den Atrax-Buggy, den Barchetta (der dem Bandini Dora von 2020 ähnelt) und den Supersportwagen LM1 – alle drei entworfen vom Studio GFG. Der LM1 wurde für den Wettbewerb entwickelt, aber nicht nur. Die Technik stammt von L. M. Gianetti, der bereits bei den Projekten von Techrules dabei war. Die geplante Produktion von 26 Exemplaren verweist auf die Startnummer, die die Ligier-Boliden von Jacques Laffite während seiner vier F1-Siege zwischen 1977 und 1981 trugen.

Die Handschrift von Giugiaros ist auf dem amerikanischen Supersportwagen erkennbar.

PININFARINA B95

Pebble Beach, August 2023

Technisch leitet sich der B95 vom Pininfarina Battista ab.

Pininfarina Automobili stellt dieses Modell als »erste 100-prozentige Hyper-Barchetta der Welt« vor. Der B95 basiert technisch auf dem Battista, mit insgesamt 1900 PS starken Elektromotoren und fünf Fahrmodi: Calma, Pura, Energica, Furiosa und Carattere (Ruhig, Rein, Energisch, Heftig und Charakter). Die Höchstgeschwindigkeit beträgt 299 km/h und der B95 soll in 2,1 Sekunden von 0 auf 100 km/h beschleunigen. Die Produktion des 4,4 Mio. Euro teuren Fahrzeugs wird auf zehn Exemplare beschränkt werden. Ab 2025 werden die ersten Fahrzeuge ausgeliefert.

ALFA ROMEO 33 STRADALE

Arese, August 2023

Im Stellantis-Konzern kultiviert man die Nostalgie mit dieser zeitgenössischen Vision des 33 Stradale von 1967. Das vom Team um Alejandro Mesonero-Romanos entworfene Coupé wird bei Touring in den zwei Ausstattungsvarianten Tributo und Alfa Corse sowie mit der Wahl zwischen Verbrennungsmotor oder Elektroantrieb (BEV) hergestellt. Die Auflage soll 33 Exemplare betragen.

Eine fantastische moderne Interpretation des Alfa Romeo 33 Stradale von 1967.

- **Motor:**
  V6-Mittelmotor mit 90° Zylinderwinkel (DOHC, 4 Ventile), Biturbo, Hubraum: 3 Liter, Leistung: 620 PS oder 3 Elektromotoren mit insgesamt 750 PS
- **Länge/Breite/Höhe:**
  463,7 x 217,1 x 122,6 cm
- **Radstand/Spurweite:**
  270 x 168 x 166,8 cm
- **Gewicht:**
  1500 oder 2100 kg
- **Fahrleistung:**
  333 km/h, 3,0 sec von 0 – 100 km/h
- **Produktion:**
  33 Exemplare (ab 2024)

ZENVO AURORA

Pebble Beach, August 2023

Der Aurora stellt eine radikale Veränderung in der Entwicklung des dänischen Unternehmens dar. Mit einer neuen modularen Struktur aus Carbon, einem Mahle-Motor und einem neuartigen Stil von Christian Brandt wird der Aurora ab 2026 in zwei Versionen ausgeliefert: als sportlicher »Agil« und als eher komfortabler »Tur«.

- **Motor:**
  V12-Mittelmotor mit 90° Zylinderwinkel (DOHC), 4 Turbolader, Hubraum: 6,6 Liter, Leistung: 1250 PS + 2 Elektromotoren mit zusammen 200 PS (Tur) bzw. 600 PS (Agil), Gesamtleistung: 1450 bzw. 1850 PS
- **Länge/Breite/Höhe:**
  481,9 / 483,6 x 202 x 109,7/111,7 cm
- **Radstand:**
  280 cm
- **Gewicht:**
  1300 bis 1450 kg
- **Fahrleistung:**
  365 bis 450 km/h, 2,3 bis 2,5 sec von 0 – 100 km/h
- **Produktion:**
  100 Exemplare (50 Agil, 50 Tur) (geplant – ab 2026)

Das Modell Aurora soll der dänischen Firma Zenvo neue Perspektiven eröffnen.

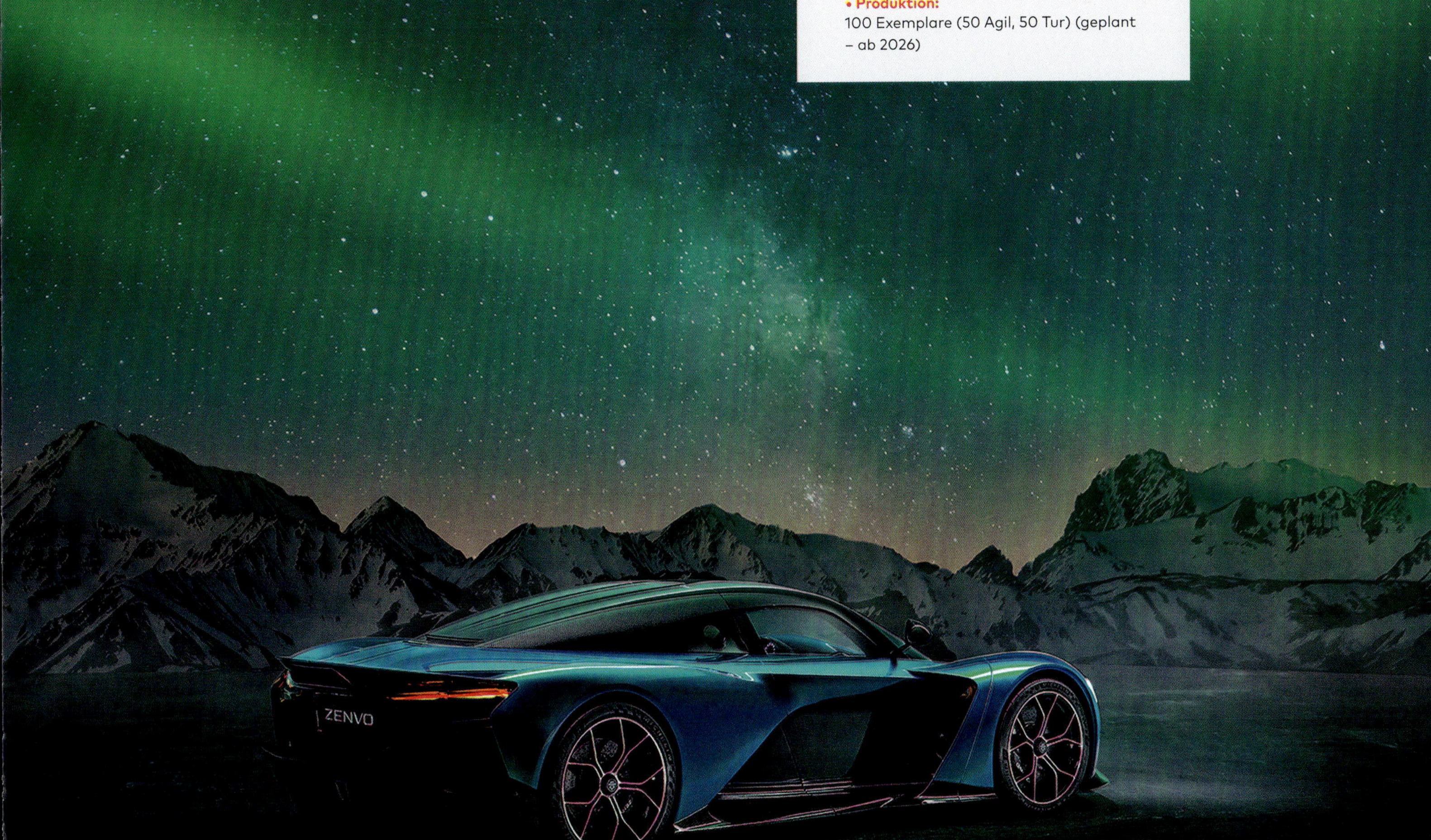